U0398051

1

中国传统的
宜居概念

图 1-1 "风调雨顺"的安居之地

1.1 什么样的环境才宜居?

中国有一个成语——"水深火热",形容人民生活处境异常艰难痛苦。此语出自孟子,他是中国战国时期的伟大思想家,他生活的年代是公元前 372 至公元前 289 年。

从环境的角度看,"水深火热"是描述环境灾害最为形象的成语。"水深"即指水淹,"火热"则指高温、干旱、火烧等。近些年,人们频频看到媒体上有关内涝、洪水、高温、火灾等的报道,这些灾害对于人类的生存都是威胁性的,往往会导致人民失去收成、财产或家园,甚至失去生命。

而中国还有一个成语——"风调雨顺"。只要听说某个地方是"风调雨顺"之地,大家就会联想到:在此地居住的人们能"安居乐业"(图 1-1)。可见,生存环境的安全与百姓生活的安康紧密相连。

图 1-2 北京一庙宇中的天王殿

1.2 敬畏自然是中国人的传统信仰

在德国留学时，笔者曾多次被人问起：中国人有没有宗教信仰？当时笔者觉得很难回答这个问题，若回答"没有宗教信仰"是不对的，表示中国人对一切毫无敬畏之心。但若回答"有宗教信仰"，是什么呢？回国之后笔者才发现：中国有很多庙宇，庙宇就是宗教的场所，而绝大多数庙宇的第一大殿就是"天王殿"（图 1-2），其中有四尊高大而威严的天王塑像。在古代中国人的眼里，地上的一切都被掌控在能呼风唤雨的天王们的手中。原来，敬畏自然就是中国人传统的宗教信仰！

<table>
<tr><td>1</td><td>2</td></tr>
<tr><td>3</td><td>4</td></tr>
</table>

1 图 1-3 职"风"天王手持长剑
2 图 1-4 职"调"天王手中弹琴
3 图 1-5 职"雨"天王手里把伞
4 图 1-6 职"顺"天王手臂缠蛇

　　天王殿中的四尊天王被统称为"四大天王"或"四大金刚"。他们姿态各异、体貌彪悍，以手持不同之物来代表他们司职的不同：手持长剑的天王职"风"（图 1-3）；手中弹琴的天王职"调"（图 1-4）；手里把伞的天王职"雨"（图 1-5）；而手臂缠蛇的天王职"顺"（图 1-6）。他们正好是决定环境是否宜居的四大力量。

图 1-7 中国古人通过悬挂的风铃来感知风的强度
（徐晓梦　摄）

风 + 调 = 和风
雨 + 顺 = 细雨

　　为何用剑、琴、伞、蛇来对应"风""调""雨""顺"呢？笔者的理解是：强风具有很大的破坏力，会像一把巨型的长剑砍毁地表的一切，故而职"风"的天王手中持剑。而在古代中国，风的强度是通过风铃来感知的（图1-7），乾隆诗句"天风忽送塔铃响，却讶何人理玉琴"就是将风铃声形容为琴声的生动描述。风的强或弱可被风铃表现为急或缓的弹琴声，故职"调"的天王手中持琴。当他将琴声从急弹转为缓弹时，强风就变为弱风，风的破坏力就消失了。

　　职"雨"的天王手持雨伞，他通过开伞与闭伞来决定下雨还是天晴。而职"顺"的天王手臂缠蛇则可理解为：蛇身的滑溜与弯曲代表着柔顺与蜿蜒，人们希望这位天王能让降雨顺应农时，并掌控降雨的强度，让雨水形成蜿蜒的河流，而非泛滥的洪水。由此可见，当职"风"与职"调"、职"雨"与职"顺"这两对天王协同合作时，"和风细雨"就会出现，这就是中国古人最为认可的能安居乐业的宜居条件。

图 1-8　北京天坛祈年殿

图 1-9　祈年殿前的解说牌

　　中国古代的皇帝虽然被称为"天子"，但他们对大自然也充满着敬畏与感恩之心。北京天坛是中国最大的坛庙建筑（图 1-8），它始建于 1420 年，是在明、清两朝 500 余年时间里，皇帝祭祀天地与万物，祈祷风调雨顺、五谷丰登之地。天坛的祈年殿内部开间分别寓意四季、十二月、十二时辰以及周天二十八星宿（图 1-9）。皇帝在此处祈谷，祈求收成好、灾害少，以保百姓安康、国家太平。

2

中国古人
建宜居环境的智慧

图 2-1　西安半坡博物馆是我国新石器时代早期的人类定居遗址博物馆
（遗址距今已有 6000 多年历史）

2.1 中国古人对定居点的选址

为了找到"和风细雨"的宜居环境，中国古人非常重视对定居位点的选址。在古代中国，人们对建城、建村、建房都要反复选址，重点要看以下三个方面：

（1）看方位　要选能够充分获得光照的位置，以保障身体健康与农耕兴旺。

（2）看山势与山形　周围环山能防风灾，山形圆润能少地质灾害，土层厚、植物多可满足生存需求。

（3）看水流　蜿蜒的河川地带土壤肥沃，取水方便，适宜定居；但人的住处又不能离河流太近，地势不能太低，以防水淹。

有研究者认为：这些为定居而选址的活动在我国最早出现于 6000 ~ 8000 年前的新石器时代（图 2-1），到 3000 年前的周代初期受到广泛应用，选址活动称为"相地"[1]。

太保相宅圖

太保

图 2-2 清晚期图书《钦定书经图说》中的《太保相宅图》

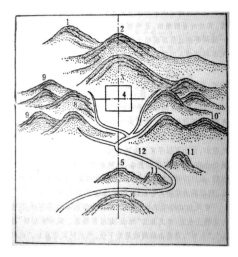

图 2-3 龙脉砂穴示意图 [2]
1. 祖山 2. 少祖山 3. 主山 4. 穴 5. 案山 6. 朝山 7. 左臂砂 8. 右臂砂 9. 护山 10. 护山 11. 水口砂 12. 水流

在清代晚期（光绪三十一年）孙家鼐等编纂的《钦定书经图说》卷三十二中，有一幅《太保相宅图》（图 2-2）。图中画的是在公元前 1042 年的周朝初期，太保召公到洛邑（今洛阳）为建造周代国都成周城的选址活动。

图中太保召公站立在可以看到山势与河流的位置，他在指挥着人们使用罗盘与量杆在山地与河流之间做着相地的勘察与记录。

在现今的洛阳市人民政府官网上可查到：洛阳的自然地理西高东低，周围有多座山脉，境内有 10 余条河流蜿蜒其间，有四面环山、六水并流、八关都邑、十省通衢（衢：四通八达的道路）之称。据历史记载，洛阳是我国建都最早、朝代最多、历史最长的都城。看来，3000 多年前召公的选址功不可没。

在 2003 年天津古籍出版社出版的《风水与环境》一书中，有一张介绍古人选择宜居位置的地形参考图，题为"龙脉砂穴示意图"（图 2-3），图中的位点 4 就是宜居之地。直观地看，位点 4 是群山中的一片盆地，其北面有标号为 1、2、3 的延绵山脉（因其与水流相关而称为"龙脉"），由祖山（最高）、少祖山（次高）、主山（较低且风化圆润）组成，这条山脉末端的冲击扇区就是位点 4（称为"穴"）。从图示看，位点 4 北高南低，其东西两边都有圆润的山体（砂）相拥，来自山上的多条溪流自然而蜿蜒地流向盆地，汇聚成曲线形河流。又因盆地的南面有标号为 5 的隆起高地（案山），河流的出口只有东南角的一条窄道（标号 11，称为"水口砂"），故而河水只能在盆地中转弯慢行，水中泥沙与养分便沉积下来形成沃壤。

可以想象：此盆地因周边环山而能屏蔽外来的强风；因溪水汇流而有着丰富的水资源；因光照充足而易使地表水蒸发形成云雾；因空气湿润且土壤肥沃而物产丰富。对于这样的盆地，书中的描写是："这里林木葱郁，山川秀丽，鸟鸣花开，虫兽栖息其间，才是有生气的环境。"[2] 也许，3000 多年前的洛邑就是这样一处生机勃勃之地。

图 2-4 "峦头法的理想布局"图一——最佳城址选择图示[2]

2.2 山环水曲与坐北朝南

《风水与环境》一书用"峦头法的理想布局"[2]介绍了中国古人对最佳城址（图 2-4）、最佳村址与最佳宅址（图 2-5）的选择图示。这些选址有三点共之处：一是有山有水；二是山环水曲；三是背山面水。这类地形都具有风灾少而水源足的特征，此特征称为"藏风聚水"。

从物理学的角度来看"风水"二字，风就是气流，水就是水流，这两大流体在自然界中一直客观存在，而且，它们前行的能量有时可大到极具破坏力。也正因为"风"与"水"都是流体，一旦遇上了阻碍物，比如，风遇到突起的山地，水进入

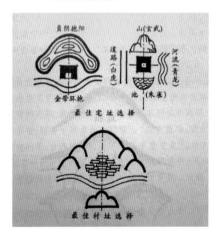

图 2-5 "峦头法的理想布局"图二——最佳村址与最佳宅址选择图示[2]

图 2-6 长江岸边的山顶区形成的降雨云团

弯曲的河道，它们会立刻改变运动的方向，其能量则随之消减。所以，环山的地形能消风灾，弯曲的河道能防水冲。

"峦头法的理想布局"（图 2-4、图 2-5）还表明：建造城市、乡村、住宅的最佳位置是山在北、水在南。因我国位于北半球，冷空气来自北方而阳光来自南方，北有山体可以抵御寒风，南为水面不会遮挡光照。当阳光照射水面引起水蒸发时，水蒸气升腾到山上遇冷凝结，山区就能降下滋养万物的雨水（图 2-6）。结果是：光照、水面、山体共同组建起了一个有利于水资源循环的环境。由此可见，古人的选址原则充满了生存的智慧。

在最佳城址选择图示（图 2-4）中，北部山脉的祖山与少祖山注有曲线以示龙脉（图中标号为 10）的走向，而位于主山之下的龙穴（图中标号为 11）正好是城池的中心。按照龙脉与地下水的流向一致的看法，龙穴则应是地下水的汇流处。可以推测：中国古人选择龙穴作为建城中心是为了确保城市拥有永不枯竭的地下水资源。

图 2-7　浙江金华市因群山环抱而不受台风灾害

最佳城址选择图示（图 2-4）还显示：建城的位置要明显高于城池外的河流地带。毋庸置疑，这能有效防止河水在涨水期进入城池。因河流蜿蜒的平原地带有着光照好、土壤肥、水源足、地势平等优势，适宜农耕与放牧，城池就有了近距离获得农牧产品的保障。这种既有水资源、又有食物来源的城址选择法是符合当今可持续发展理念的。

2013 年 9 月下旬，笔者从北京到浙江金华市去讲课，出发前曾在媒体上看到：浙江省遭遇了强台风的袭击，台风毁坏了浙江沿海多地的城镇设施。但到达金华市后笔者发现：这里的一切完好无损，城乡处处祥和安宁。向当地人询问有关台风袭击浙江之事，金华人告知：台风从来不会到达金华，因为金华处在群山环抱之中（图 2-7），群山的护佑不仅使金华能免遭台风的危害，还能将台风带来的水汽转化为降雨，给金华增加水资源。这一实例让人看到：中国古代的风水理论是有实践基础的。

1	2
3	4

1　图 2-8　杭州岳王庙里古人挖凿的水池
2　图 2-9　北京恭王府中古人垒建的土丘
3　图 2-10　能充分接纳阳光的坐北朝南的北京四合院
4　图 2-11　能减少炎热的坐南朝北的重庆四合院

　　在最佳住宅选址图示（图 2-5）中，有两种背山面水的图示：一种是北有山包，南有溪流；另一种是北有山岭，南有水池。因坐北朝南是中国传统建筑的首选方位，建筑地面的坡度也是北高南低，南面的水池有着雨时排涝、旱时供水、平时观赏等多重功能。走访中国大地东南西北的古建筑，如宅院、园林、寺庙等，人们会发现：古人不仅会按照自然地势去依山傍水地建造房屋，还会通过挖水池（图 2-8）、垒土丘（图 2-9）来人工营造出背山面水的宜居地形。在光照足、山地多的我国南方地区，背山面水的建筑以顺应山形为主，故而建筑朝向较为多样，如坐西朝东或坐东朝西，甚至坐南朝北，这体现了中国古人对住宅的选址既遵循风水原则又持因地制宜的灵活态度（图 2-10、图 2-11）。

图 2-12　位于云南丽江的束河古镇外观

图 2-13　束河古镇的街道

2.3　在古镇看古人的宜居设计

　　2011 年夏季，笔者去云南丽江旅行。在束河古镇，笔者看到：古镇的位置竟与"峦头法的理想布局"中的最佳村址选择图示十分接近（图 2–12），它背靠青山，面朝河流，山上植被茂密，河中流水潺潺。人们在青山之下高于河床的地带建造了这个古镇。但古镇的方位不是坐北朝南，而是坐西朝东，背风向阳。在西面依山、东面傍河的位置，束河古镇于宋元时期已形成集镇，而它至今仍然保持着对旅游者的吸引力。因为这里环境美，住起来舒服，让游客流连忘返（图 2–13）。

图 2-14　束河古镇的水源地"九鼎龙潭"

　　为何一个已有千年历史的古老小镇仍能使现代人感到宜居？笔者考察了束河古镇的设计与提供人们生存资源及居住舒适度的关联性，认为有以下几点值得称赞。

　　第一是水源。束河古镇的水源地称为"九鼎龙潭"，位于古镇北端的龙泉山脚。潭中水来自龙泉山石缝中流出的泉水，水质清澈（图2-14）。据当地人讲，因为山上的植被一直保持良好，山泉水从未断流过。九鼎龙潭建造于元代，数百年来，一直为束河古镇提供着稳定的水源。为了方便潭水能自行流向全镇各户，古人用

水渠

图 2-15　束河古镇的输水渠与菜地就在家门外道路两侧

条石建造了覆盖全镇的输水渠道与取水井，这些供水设施至今运行正常，使古镇居民能在门前就近取水。

　　第二是古镇的住房、店铺、水渠、道路和菜地的位置相距很近。这能方便居民的生活与生产，符合可持续发展理念（图 2-15）。人们住在四合院里，院门外就是通往茶马古道的石板路，邻街的房屋用于开店铺，门前的石水渠能提供环境用水、接纳雨水并有助于夏季散热，石板路旁有生长旺盛的菜地，为居民提供部分自产的食物，这不仅能减少买菜的开支，还能利用菜地来接纳易腐垃圾，使其就地分解为土壤所需的肥料。

图 2-16　束河古镇家庭院内栽种了果树等多样的植物

　　第三是古镇居民喜欢在自家院子里栽种盆景与树木（图 2-16）。这些植物不仅能美化庭院，为院落遮阴，而且部分植物的果与叶也是食物或草药源，能提供碳水化合物、维生素等营养成分或防病治病成分，这也符合可持续发展理念。这是因为，当人居环境中有可充当食物或药物的植物时，一旦发生了灾害、瘟疫等，人们维持生存的能力就能增强。比如，树上的果实可充饥，树上的叶子可煮水喝或咀嚼治病，人们就能存活下去。

饮用　　　洗菜　　　洗衣

图 2-17　束河古镇的梯级用水模式
　　　　　"三眼井"

图 2-18　从三眼井流出的水进入菜地旁
　　　　　的水沟用于灌溉

图 2-19　古镇的河岸设计易于排涝、
　　　　　防洪，且方便到达河面

　　第四是束河古镇自古延续到现在的水资源管理传统，它在清洁用水与节约用水两方面做得几乎无懈可击。古镇为居民提供生活用水的水井称为"三眼井"（图 2-17），它们是相互独立而又通过水槽相连的三口水井，呈梯级下降式分布。来自九鼎龙潭的泉水只进入第一口水井，此井位置最高，水质最好，供居民获取饮用水（烧茶、做饭用水）；第二口井接纳来自第一口井流出的水，水质次之，是居民的洗菜用水；第三口井接纳来自第二口井流出的水，水质再降，成为居民的洗衣用水；从第三口井流出的水沿着水槽再往下排，进入菜地，就成了灌溉用水（图 2-18）；当菜地土壤吸足水之后，多余的水将顺着水沟到达河岸而排入河流。这种来自中国古代的梯级利用水资源的设计令人敬佩。

　　第五是束河古镇河道的堤岸设计具有排涝、防洪、方便到达河面三重功能（图 2-19）。在河堤边，路面与河道之间没有阻碍物，下雨时，路面吸收不了的雨水能自行排入河中。堤岸使用毛石砌筑，岸体牢固且高于河面约 2 米，其防洪功能一目了然。又因堤岸上建有通往河流的条石阶梯，人们下河十分方便。古人留下的这些简约多效、以人为本、结实耐用的堤岸设计值得借鉴。

图 2-20　丽江古城狮子山观景台

2.4 在古城观细雨和风与四通八达

与束河古镇相距 4 千米就是丽江古城。此古城原名大研地，在 13 世纪后期的元朝选址开建，丽江之名始于此时。古城坐落在玉龙雪山下的一块高原台地上，光照充足。开建者最初以挖河引水的方式将玉龙泉水引进了大研地，又整治沼泽地，开辟为坪场，为四周村落的人们提供交换物品的集市，这个集市就是丽江古城中心四方街的雏形。在明、清两朝时期，古城得以迅速发展与繁荣，特别在明朝，城里兴建了大批的建筑。清朝以后，丽江古城改称大研里。1912 年以后，古城改称大研镇 [3]。1997 年 12 月，丽江古城被联合国教育、科学及文化组织评定为"世界文化遗产"。

为了观看丽江古城的全貌，笔者爬到古城的狮子山观景台上（图 2-20），从高处看，丽江古城周围环山的地形十分明显，且近山圆润秀丽（图 2-21）而远山高大延绵（图 2-22）。据丽江古城区人民政府网站介绍：丽江古城北依象山、金虹山，西枕猴子山，古城自发形成了坐西北朝东南的朝向。玉龙泉水从象山山麓流至古城的西北端，在玉龙桥下分成西河、中河、东河三条支流（图 2-23），然后再经多次匀水分流，穿街绕巷，流布全城（图 2-24）。古人通过挖河引水来建造古城的技法令人惊叹！

近山

远山

1	2
3	4

1　图 2-21　丽江古城旁的近山圆润秀丽
2　图 2-22　丽江古城外的远山高大延绵
3　图 2-23　丽江古城西北端的玉龙泉水入城处。泉水通过三条不同方向的石渠进入古城
4　图 2-24　进入丽江古城的干流水渠之一

图 2-25　丽江古城鸟瞰照。空中彩虹与传统建筑屋顶组成的和谐面貌

　　就在笔者俯瞰丽江古城时，一道彩虹正横跨在古城的上空（图 2-25），这是空气中分布有大量的小水滴对阳光的折射现象。当地人说，这里几乎每天都能看到彩虹，因为每天都要下几场细雨。在这个阳光普照、水网密布、西北有高山的古城区，地表水蒸发的水汽到西北高山上遇冷就会形成降水，此过程使水资源循环得以良好运行。

　　在中国传统的风水术语中，有一词称为"藏风聚气"，这里的"气"主要指的就是水汽。当空气中的水汽不会被风刮走，而是能再凝结成水滴，回落大地，成为滋养万物的甘露时，此地就是一个能让水资源自然循环的"风水宝地"。

　　图 2-25 还展示出：站在高处往下看，丽江古城所有传统建筑的坡形屋顶组成了一幅和谐的平面。笔者发现：虽然古城密集的传统房屋与院落有大有小，但所有建筑的屋顶高度几乎保持一致，这使得由坡形屋

图 2-26　切尔斯基山脉西南方的西伯利亚群山展示着高度基本相同且起伏平缓的面貌

顶组成的古城上空既显得开阔又有着柔浪般的平缓起伏。可以想象，当气流（风）到达这片古城上空区时，因开阔的空间与平缓的起伏，气流会像水流一样速度变缓，风力就会减小。此外，以"木秀于林、风必摧之"的古训来观察，屋顶高度保持一致的密集建筑群不易遭受风力的破坏。

　　能抵御风力的自然地貌是什么模样？笔者利用一次去美国的机会，在飞机上观察了位于切尔斯基山脉西南方的西伯利亚群山地区。这个地区的纬度高于北纬60°，有一半在北极圈内，山顶被冰雪覆盖。从飞机的舷窗往下看，这个地区的群山显得高度接近且起伏平缓（图2-26），与丽江古城坡形屋顶组成的平面有些相似。也许，这里曾有过突兀的山峰，但风力削去了凸起部分，使得群山逐渐变为高度相近而起伏平缓的抗风形态。

图 2-27　丽江古城的坡型屋顶有着助通风、能挡雨、夏遮阴、冬采光等多重功能

图 2-28　穿流在丽江古城街道旁的水渠有降温、通风、吸尘、排涝等作用

　　尽管丽江古城的建筑显得密集，但行走在古城的街道中，却让人感到通风状况良好，空气质量不错。这得益于古城保护好了两方面的传统设计：

　　（1）所有建筑都保持了传统的坡形屋顶（图 2-27），而且街道同侧的坡型屋顶朝向保持一致。在街道两侧的坡型屋顶相向下凹的地段，街道就成了"山谷"形地带，街面就是谷底。人们在街面上活动产生的浊气能在自然形成的"山谷风"（空气环流）的作用下被新鲜空气取代。

　　（2）城内密布的古代水网终年流水不息（图 2-28）。在露天的水渠中，水流会吸收地表的热量，这使得古城内环境会出现多样的局部温差，古城街道上的空气就会因温差而自然流动，在此过程中，悬浮在空气中的颗粒物会被植物、地表或水体吸收，使空气得以净化。

图 2-29　丽江古城的石板路缝隙有吸收雨水的功能

　　古人建造的露天水渠还使丽江古城免除了内涝的威胁。根据"中国天气网"的数据，丽江年均降水量为 1000 毫米左右，5—10 月为雨季，降雨量占全年的 85% 以上，7、8 两个月特别集中。笔者到丽江古城的时间是 7 月中旬，当时每天都在下雨。对于这样的雨季，古城居民习以为常，他们的出门活动不受任何影响，因为古城的露天水渠能立即排走降下的雨水。此外，据当地人介绍：丽江古城的石板路缝隙（图 2-29）能吸收雨水，这为人们出行提供了"雨天不湿脚"的方便（图 2-30）。

图 2-30　丽江古老的石板地面能让行人雨天不湿脚

图 2-31　房屋建在台基上的实例

图 2-32　院落地面高于街道路面的实例

街道路面

图 2-33　店铺门前的石砌水沟实例

　　在降雨量最为集中的 7 月游览丽江，笔者没有看到人们对水灾的担忧，古城居民泰然地忙着自己的营生，游客们拿着雨伞慢慢地走在街巷里。古城的房屋大都建在台基上，台基比能渗水的石板路面高出几十厘米（图 2-31）。街巷中的院子地面也明显高于街道上的石板路面（图 2-32）。有些店铺的门前就有较大的露天石砌水沟（图 2-33）。古城以房屋高于路面、沟渠低于路面的简单方法解决好了自然排涝、避免水灾的问题。

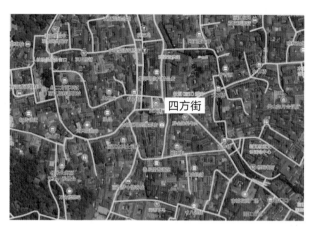

图 2-34 丽江古城四方街集市
（此照片由美籍奥地利人约瑟夫洛克摄于 1923 年，摄影者于 1962 年去世）

图 2-35 丽江古城四方街周边的道路布局形似树根
（卫星图来自八九网，作者剪辑制作）

　　丽江古城的四方街位于古城中心，它是古城延续了近 800 年的集市广场，每日开市都热闹非凡。据当地人讲：每天上午，当集市开市时，在几分钟时间内，人们就能从各方各路汇聚到四方街来，形成人头攒动的交易场面（图 2-34）。到了下午，集市关闭时，也是在几分钟时间内，广场上的人海会瞬间消失，四方街重归宁静。这表明丽江古城内有着良好的道路布局，这种布局十分有利于各个方向上的通行，不易发生拥堵。

　　从八九网（bajiu.cn）发布的丽江古城卫星图可看到：作为集市广场的四方街周边有着通往各个方向的几条道路，这些道路再分为多条岔道，呈放射状地通往四面八方（图 2-35）。这种四通八达的道路布局形似大树的树根（图 2-36）。树根的功能就是双向输送养分，这与道路的通行功能一致。若把树干看作是城市中心，树根就是外界进入或离开城市中心的通道。树根自然的放射形态在提示我们：若也以放射状线条来设计进入城市中心的道路，应能减少交通拥堵。

图 2-36　树根向四面八方伸展的放射状形态

图 2-37　浙江省兰溪市诸葛村的道路布局图

据《实用成语词典》（常晓帆编，知识出版社 1984 年）解释：中国成语"四通八达"指四面八方都有路可通，形容交通极为便利。出自《子华子·晏子问党》："四通而八达，游士之所凑也。"晏子是春秋时期人才，曾任齐国卿相，卒于公元前 500 年。可见，早在 2500 多年前，中国古人已发现：若一个地点与四面八方都有路相通，人们会自然到达此处相聚。用今天的眼光来看就是：能聚人气就有利于商贸发展。

在平原地区，典型的四通八达的道路布局就是从中心区向外八个方向延展出八条通道。在浙江省兰溪市的诸葛村，笔者看到该村的道路布局呈现着由八条通道与中心组成的放射状图形（图 2-37）。这八条通道不仅在诸葛村的中心相会，而且在村外被一条环形道路全部连通，故而诸葛村有着路路相通的交通便利。

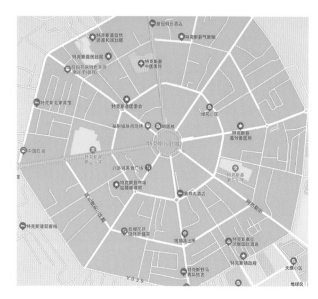

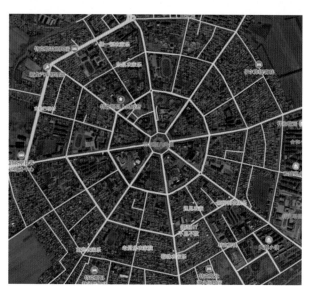

图 2-38　新疆伊犁哈萨克自治州特克斯县城的道路图
（道路图来自八九网，作者剪辑制作）

图 2-39　特克斯县城卫星图显示城中交通干道路路相通
（卫星图来自八九网，作者剪辑制作）

对于全新规划的城市，修建四条方位不同、贯通城市的主干道，这些主干道的相交点就是城市中心，由此，城市中心朝八个方向的通路即自然形成，然后用环路将八个方向的大道联通，就能形成通行顺畅的路网。图 2-38 是我国新疆伊犁哈萨克自治州特克斯县的道路图。该县城建于 1937 年，由当时的伊犁屯垦使邱宗浚勘察与设计。如今，从中心向外呈放射状分布的 8 条大道与 3 条环路已路路相通。从县城的卫星照（图 2-39）可以看到：从一环到三环的区域，放射状道路增加到了 16 条。有文章[4] 介绍：特克斯的道路环环相通、条条相连，车辆和行人无论从哪个方向都能到达目的地。

3

现代设计带来的
三大环境灾害

现代设计指的是由西方建筑界主导的服务于工业化社会的建筑思想，兴起于 20 世纪早期。到 20 世纪 90 年代，中国进入高速工业化的发展时期，在此过程中，现代设计占领了我国城市规划设计的方方面面，而其对环境的不良影响正在高速发展 30 年后的今天逐渐显现出来。可以肯定地说：目前中国城市与乡镇出现的多种环境灾害都与不考虑环境因素的现代设计密切相关。

3.1 水泥化扩张与高温的危害

以北京为例，在北京久居的人们感到：现在北京的气候不如过去宜居了。在 20 世纪 80 年代，在北京过夏天还是比较舒服的，因为夏夜凉爽，睡觉还需盖薄被。而现在的北京夏季很热，即便是开着空调，晚上也常常热得难以入睡。

笔者曾在原北京市环境保护局（现北京市生态环境局）看到两张摄于不同时期的卫星照片，题为"北京市城市绿化现状图"，一张摄于 1987 年（图 3-1），另一张摄于 2001 年（图 3-2）。将两张照片放在一起看北京环境的变化，会使人惊诧：从 1987 年到 2001 年的 14 年间，北京城市从全域绿色变成了中心城区灰黑色、周边绿区斑块化的面貌。这是城区的建筑面积大幅度向外扩张的结果。

有资料显示：在 1981 年至 2011 年的 30 年间，北京的城区扩大了近 10 倍。在充满水泥化高楼与混凝土地表的环境中（图 3-3），因缺乏植被、水系、土壤三方面对气温的调节作用，北京不仅夏季变得酷热，冬季的干冷也增加了。

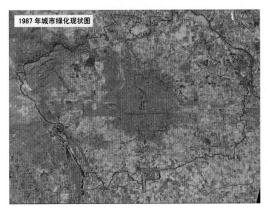

图 3-1 1987 年北京的城市绿化状况
（来源：原北京市环保局）

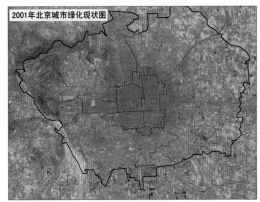

图 3-2 2001 年北京的城市绿化状况
（来源：原北京市环保局）

图 3-3 北京某区的水泥化面貌

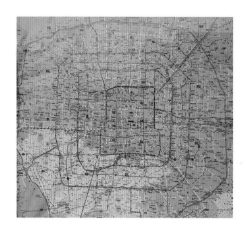

图 3-4　北京城区的主要道路图（图中橙色的线为交通主干线）以环线为主

图 3-5　交通拥堵会引发汽车尾气排放高与城市热岛效应

　　城市扩张给北京带来的另一个大问题就是交通拥堵。从北京城区主要道路图（图 3-4）来看，道路以环路为主，无放射状的道路布局。1992 年 9 月，北京建成了二环路，这是中国第一条全封闭、全立交、没有红绿灯的城市快速环路。到 2003 年 11 月，北京城区以这种全封闭的模式完成了三环、四环、五环路的建设。遗憾的是，2010 年以来，北京从二环到五环，交通拥堵日益严重。由于环路是封闭的，没有多条放射状道路的连通，行驶在环路上的车辆要进入城区或开往城外都难以就近找到出口。尤其是节假日前，常有媒体报道：有大量车流被封闭在环路上行驶，引起拥堵（图 3-5）。因慢行的车辆排放尾气多，释放热量高，故而交通拥堵增加了空气污染与热岛效应（即市区气温高于郊区气温的现象）。

图 3-6　鸟巢南广场上大面积的硬化地表易在夏季导致气温　　　图 3-7　2004 年 8 月展出的北京奥运中心规划模型
　　　　升高，游客稀少

　　始于 1990 年代末期，中国的现代设计有盲目崇拜西方罗马建筑之风，喜欢大面积硬化地表，选材偏好混凝土、花岗岩等。而在光照强度远高于欧洲的中国，大面积硬化的地表会在夏季产生危害人体健康的高温。

　　2011 年夏季，笔者考察过一个实例，位点在北京奥运中心的鸟巢南广场。自 2008 年北京成功举办第 29 届夏季奥林匹克运动会之后，鸟巢就成为旅游者们热衷参观的地方。在鸟巢的南面，有一个空旷的大广场（图 3-6），那里有拍摄鸟巢全景的最佳位置，但却很少看到游客。一位导游告知：每年从 5 月中旬到 10 月，他绝不带旅游团队去鸟巢南广场拍照，因为太热，那里发生过游客晕倒之事。导游的话让笔者联想到一个展示于 2004 年的北京奥运中心规划模型（图 3-7）。从这个模型看，奥运中心的硬化地面与场馆建筑共占总面积的比例约 70%，而绿地与水体相加所占总面积的比例不到 30%。这样的比例可能导致奥运中心的绿地与水体发挥不了调节气温的功能。理想的生态设计比例应是：人造的硬化面积（地表与建筑）控制在 30% 以内，留给树林、水体、土地的面积不低于 70%。

图 3-8　鸟巢南广场实测气温为 38.7℃

图 3-9　鸟巢南广场地表温度实测为 45.5℃

　　2011 年 8 月 10 日，笔者去鸟巢南广场做了气温与地表温度的测试。北京当天预报的最高气温是 33℃，测温时间是下午 2:30—3:00，正是当天日照最强的时段。在鸟巢南广场，笔者使用迷你气象仪测得的气温值是 38.7℃（图 3-8），比天气预报的最高温度 33℃高出了 5.7℃，比人体的正常体温范围 36 ~ 37℃高出了 1.7 ~ 2.7℃。当气温高于人的体温时，如果排汗不畅，人就容易出现中暑等热伤害。

　　为何鸟巢南广场的实测气温远高于天气预报的最高气温？在这片空旷的广场上，是什么加热了空气？广场的地表由灰黑色的沥青铺就，手摸地表感觉发烫。笔者测了地表温度，测值为 45.5℃（图 3-9），比气象预报的最高气温高出 12.5℃。原来，是广场地表吸收了太阳的辐射热而变得发烫，而地表的热辐射及其对阳光的部分热反射导致了广场气温的升高。

图 3-10　实测鸟巢南广场的空气湿度为 35.6%　　　　图 3-11　实测鸟巢南广场的热压力指数为 42.6℃

　　接下来，笔者用迷你气象仪测了鸟巢南广场上的热压力指数（heat stress index）*。热压力指数指的是人体感觉温度，比如，当气温实测为 38.7℃时，人体感觉的温度要高于 38.7℃，这种感觉温度也称为炎热指数，它要受到湿度的影响。当时笔者测得：鸟巢南广场的空气湿度为 35.6%（图 3-10），而热压力指数已达 42.6℃（图 3-11），也就是说，人体的感觉温度已达到 42.6℃，这已进入需要"严重警惕"的炎热指数范围。

———————

* 热压力指数（heat stress index）也译为炎热指数，指人体感觉的温度，即体感温度。热压力指数代表了环境辐射热、温度、相对湿度、风速等因素的热压力状况，是评估热危害的重要指标之一。

表 3-1 是热压力指数对应的热伤害等级表，共有五级：一级的指数小于 26.7℃，为无危险级；二级的指数在 26.7 ~ 32.2℃，为警戒级；三级的指数在 32.2 ~ 40.6℃，为极度警戒级；四级的指数在 40.6 ~ 54.4℃，为危险级；五级的指数高于 54.4℃，为极度危险级。

表 3-1 热压力指数与热伤害可能性等级 *

热压力指数（℃）	危险等级	热伤害可能性
< 26.7	无	没有危险或很少发生危险
26.7 ~ 32.2	警戒	长时间的身体活动容易出现疲劳
32.2 ~ 40.6	极度警戒	长时间的身体活动可能出现热痉挛（heat cramps）或热衰竭（heat exhaustion）
40.6 ~ 54.4	危险	长时间的身体活动可能出现热痉挛、热衰竭及中暑（heat stroke）
> 54.4	极度危险	有立即中暑的危险

* 来自化工仪器网。热压力指数（heat stress index），王顺正。

从表中可得：当热压力指数为 42.6℃时，热伤害的可能性有"长时间的身体活动可能出现热痉挛、热衰竭以及中暑"。这与那位导游所讲的情况相符，解释了为何鸟巢南广场在夏季几乎没有游人的原因。这个实例在提醒我们：现在我国多个城市与乡镇在夏季出现的反常性高温可能与大面积硬化地表有关。

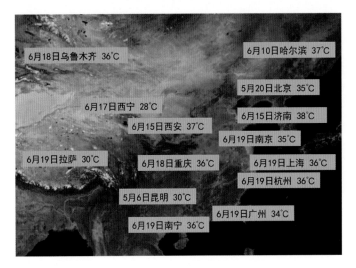

图 3-12 2010 年 1 月 1 日至 6 月 19 日我国部分省会城市最高气温值
（卫星照来自八九网，数据来自公共气象服务中心）

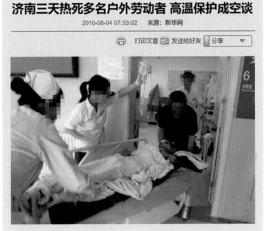

图 3-13 新华社 2010 年 8 月 4 日对高温引发户外
劳动者严重热伤害的报道
（记者郭续雷 摄）

  2010—2022 年，我国媒体多次报道高温导致户外工人中暑甚至死亡的事件。以 2010 年为例，2010 年 6 月 20 日，中国天气网发文《"夏至"将近，我国近半省份出现高温天气》，文中发布了由公共气象服务中心制作的"2010 年以来部分省会城市最高气温实况图"，其中标出了从 2010 年 1 月 1 日至 6 月 19 日 14 时我国出现最高气温的 14 个大城市的最高气温值。笔者用这些数据制作了图 3-12，图中可见：济南的最高气温值排名第一，达 38℃，这是济南可能出现热压力指数达到危险级别的警示。

  就在 2010 年 8 月 3 日，新华社济南"新华视点"记者陈尚营、娄辰以《谁来保护他们——济南三天"热死"多名户外劳动者的追问》为题发出报道："今年 7 月 30 日至 8 月 1 日，由于高温肆虐，济南市中心医院等 3 家医院收治了许多因中暑入院的户外劳动者，其中 8 人因抢救无效离开了人世。……中暑死亡的患者大都是因为脑损伤并发多脏器功能衰竭。"济南发生惨痛教训让我们看到：如果人们不了解热压力指数与热伤害的相关知识，就可能付出生命的代价（图 3-13）。

1 | 2
3

1　图 3-14　北京某商业步行街在夏季突降大雨的面貌

2　图 3-15　该商业步行街因地面全硬化而在降雨 15 分钟后出现了覆盖整街的地表径流

3　图 3-16　该商业步行街的地表径流沿街流向了外围的交通干线，导致了影响交通的后果

3.2　地面硬化与雨季的内涝

　　大面积铺设硬化地面还会使城市与乡镇易在雨季发生内涝灾害。2011 年 6—7 月，中央与地方的多家媒体对北京、武汉、长沙、成都等大城市因暴雨而出现严重内涝问题进行了及时的一线报道。夏季是我国多个城市降水量最高的季节，降雨强度常为大到暴雨，可在硬化地面上瞬间形成地表径流，带来对交通出行的影响（图 3-14 至图 3-16）。

指关节

图 3-17　100 毫米的高度约为成人食指从指尖到指关节的距离

降水量指的是在一定时间内降落到地面的水层深度，以毫米表示；而降雨强度指的是单位时间内的降水量。表 3-2 列出了不同级别的降雨强度所对应的降水量，级别分为小雨、中雨、大雨、暴雨、大暴雨、特大暴雨共 6 级。

表 3-2　降雨强度级别与降水量

降雨强度级别	每24小时降水量（毫米）*	降水量上限（毫米）
小雨	0.1 ~ 9.9	< 10
中雨	10 ~ 24.9	< 25
大雨	25 ~ 49.9	< 50
暴雨	50 ~ 99.9	< 100
大暴雨	100 ~ 249.9	< 250
特大暴雨	≥ 250	—

* 降水量数据来自国家标准《降水量等级》（GB/T 28592—2012）。

从表中数据看，大雨的降水量为每 24 小时 25 ~ 49.9 毫米，暴雨的降水量为每 24 小时 50 ~ 99.9 毫米。若以厘米来衡量，当降雨强度为大到暴雨时，24 小时内降落到地面的水层深度为 2.5 ~ 10 厘米，最高应不超过 10 厘米，约为成人食指从指尖到指关节的高度（图 3-17）。

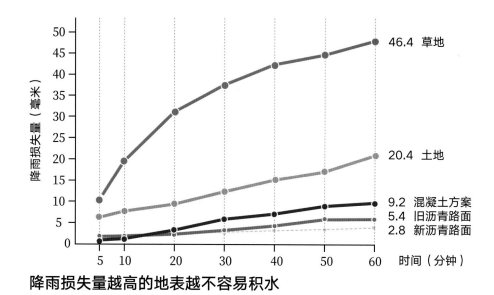

降雨损失量越高的地表越不容易积水

图 3-18　不同地表的降雨损失量数据
（来源：晓慧.中国的下水道远远落后于城市发展 [J] . 中国国家地理杂志，2011，9：96 ）

为何下一场大到暴雨能引发阻碍交通的内涝危害？原因就在于：硬化地面基本没有吸收雨水的能力，天降的雨水只能在地表上汇集并迅速流向地势较低的路段，比如立交桥下的下凹路段或涵洞，导致下凹路段在瞬间出现高位的积水，引发交通中断，甚至夺走被困于积水中的出行者的生命。

2011 年 9 月，《中国国家地理》杂志登载了一篇"中国太大，下水道太小"的特别策划主题文章，文中讨论的就是城市内涝问题，此文发表了一个题为"降雨损失量越高的地表越不容易积水"的数据图示（图3-18）。

图 3-19　大雨后的草地地表无明显积水

图 3-20　大雨后的裸土地地表有部分积水

图 3-21　尽管有雨箅子排水，但大雨后的旧沥青路面仍有明显积水

图 3-18 以降雨损失量（毫米）为纵坐标，以时间（分钟）为横坐标，展示了草地、土地、混凝土方砖、旧沥青路面、新沥青路面五种地表对雨水的吸收能力。从图中可知：

（1）草地（图 3-19）吸收雨水的能力最强。仅需 10 分钟，草地就能吸收 20 毫米（中雨）的降雨量。到 60 分钟时，草地吸收的降雨量已达 46.4 毫米，接近大雨时的最高降雨量。

（2）无草的土地（图 3-20）吸收雨水的能力大为下降。到 60 分钟时，吸收的降雨量为 20.4 毫米，只接近中雨级别降雨量的高位。

（3）混凝土方砖到 60 分钟时吸收的降雨量为 9.2 毫米，未达到小雨级别降雨量的上限。

（4）到 60 分钟时，旧沥青路面（图 3-21）吸水 5.4 毫米，新沥青路面吸水 2.8 毫米，可见沥青路面吸收雨水的能力很弱。从测量数据的走势可看出，新沥青路面几乎不吸收雨水。

3.3 高楼群的狭管效应与火灾实例

大约从 2000 年起，建造密集的高楼区开始流行于中国。但密集的高楼之间极易引发瞬间强风，出现"狭管效应"。这是因为风是气流，气流在空中的流动与水在河里的流动一样，在宽阔的河道里，水流平稳而缓慢，而一旦进入狭窄的河道，水流中的每一滴水都会因保持其势能而争相加速前行，这就是"狭管效应"，指的是在管道中流动时，流体经过狭窄处时会加快流速的物理现象。

当气流在高度较低且起伏平缓的建筑区流动时，其风力可能只在 1 ~ 4 级的范围内，属于软风、轻风、微风与和风（表 3-3）。然而，当气流进入高楼耸立的密集建筑群时，高楼间形成的狭窄通道会阻碍风的通行，于是风将成倍地增速，变为强风。科学研究表明：平地上 3 ~ 4 级的风，在高楼之间经"狭管效应"放大后可达 10 级以上，出现"狂风拔树根"的可怕现象。表 3-3 是来自百度百科"风力等级"词条中的风力等级对照表的部分内容。

表 3-3 风力级别、名称与陆地地面物象[*]

风级	名称	陆地地面物象
0	无风	静，烟直上
1	软风	烟示风向
2	轻风	感觉有风
3	微风	旌旗展开
4	和风	吹起尘土
5	清风	小树摇摆
6	强风	电线有声
7	劲风（疾风）	步行困难
8	大风	折断树枝
9	烈风	小损房屋
10	狂风	拔起树木
11	暴风	损毁重大
12	台风	摧毁极大

[*] 来自百度百科"风力等级"词条。

南 央视新址 北配楼 北

```
1 | 2
------
  3
```

1　图 3-22　被火灾烧毁的央视新址北配楼（高 159 米，损失人民币上亿元）

2　图 3-23　北京市朝阳区 CBD 区规划模型。北配楼位于央视新址的北面

3　图 3-24　朝阳区 CBD 的高楼群建成之后，此地区马路上的风力增强

　　北京曾经历过一次与狭管效应相关的高楼火灾，损失极为惨重。2009 年 2 月 9 日元宵节这天，北京城内本无大风，天气预报为：夜间晴转多云，南转北风一二级。此级别的风为软风与轻风，风力弱得不会扬起地面的灰尘和碎纸。但在这天晚上，新建成的中央电视台总部大楼的北配楼（电视文化中心，高 159 米）楼顶失火，火势迅速蔓延全楼，难以控制，燃烧持续了 6 小时，致使全新落成但尚未住人的北配楼被烧毁（图 3-22）。次日，《北京晚报》的头版报道："30 层的楼，楼顶上的风力很大，对火势蔓延产生了直接影响。"

　　查看中央电视台总部大楼与北配楼所在的北京市朝阳区 CBD 的规划模型（图 3-23），高楼密集的特征十分明显。据附近居民讲，自从 CBD 建成之后，此地的局部风力明显增强，有时在马路上骑车都变得非常困难了（图 3-24）。

中间开口

图 3-25　遭遇火灾的央视新址北配楼正对央视主楼中部的开口，此口可能发生狭管效应

图 3-26　被烧的央视北配楼西面的高楼群之间的形态具有强风口（俗称"天堑煞"）的特点

　　火灾后的第 2 日与第 4 日，笔者两次去看了失火大楼的位置和周边环境。被烧的北配楼位于中央电视台总部大楼的北面，正对总部大楼的中间开口（图 3-25），显然，这个开口可能会引发"狭管效应"。此外，北配楼坐落在一个十字路口的东南角，路口的西面、西北面和北面都立着数幢百米高楼（图 3-26），这样的位置容易遭遇八面来风。据火灾目击者说：失火时，火势围着整个北配楼烧，灭火的难度极大。

　　本章列举的实例告诉我们：如果盲目地进行水泥化扩张、大面积硬化地表、密集修建高楼群等，将会带来高温、内涝、局地大风、高楼火灾等环境灾害。

4

转变设计观念，
建设美丽中国

图 4-1　2007 年上海城市规划展示馆展出的上海城市规划模型

4.1　在规划模型中发现起灾隐患

自 2000 年以来，我们时常看到一些大型的城市建设规划模型展。如果带着中国古人最为重视的方位、地势、气流（风）、水流（水）的眼光来审视这些规划模型时，我们就容易发现：有些城市的建设规划可能引发环境问题。

2007 年 10 月在上海城市规划展示馆，笔者看到了一个建筑密集且楼房高低差距过大的上海市区建设模型（图 4-1）。

若从气流穿行城市的角度来观察，就会预感到：这个市区有多个位点会因"狭管效应"而可能出现局地大风；若以天降大到暴雨的设想来观察，就会推测出：这个市区因硬化比例过高，缺乏湿地与绿地而易发生内涝问题。

图 4-2　新华社报道：2011 年 8 月 12 日市民在上海杨浦区　　　　图 4-3　新华社报道：2011 年 8 月 12 日上海杨浦区河间
　　　　爱国路蹚水出行（记者范筱明　摄）　　　　　　　　　　　　　　路一水果摊被淹（记者范筱明　摄）

　　2011 年 8 月 12 日，新华社记者朱岚与范筱明发布了《暴雨袭击上海市区》的图片报道。他们的报道展示：8 月 12 日上午，上海市中心城区遭遇短时强降雨，造成路面积水，导致在某路段市民只能蹚水出行（图 4-2），以及在某街道路边水果摊位被淹，西瓜随水漂走的情况（图 4-3）。这给读者留下了城市内涝会直接伤害民生与经济的深刻印象。

　　2018 年 5 月，上海市水务规划设计研究院高级工程师陈长太在《中国水利》期刊上发表了题为《上海内涝气象特征及成灾原因分析》的文章，他在文中提出了三条与规划设计相关的治理内涝的对策与措施：提高河湖水面率，实现全市河湖水面率达到 10.5% 左右；完善骨干河网，加快通江达海骨干河道建设；综合运用绿色屋顶、渗透铺装、雨水花园、下沉式绿地、植被浅沟等源头下渗减排措施[5]。

图 4-4　此餐馆总在下雨时受到进水的困扰　　　　　图 4-5　此餐馆内的地面低于室外人行道的地面

4.2　不良道路设计是多种雨灾的起因

　　若想预防因不良设计带来的灾害，我们需要自己学会发现周边环境中存在的设计问题，并要设法去改变。如果忽视不良设计，任其存在，我们自己就有可能成为不良设计的受害者。以下是几个可供参考的不良设计实例。

不良设计实例 1: 外置防洪袋的餐馆

　　此实例是位于北京某写字楼底座的一个餐馆，该餐馆总在下雨时遭受进水的困扰。夏季是北京降雨最多的季节，此餐馆需要在门外放上多个防洪沙袋来维持营业 (图 4-4)。进入此餐馆稍作观察，你就会发现：餐馆内的地面低于室外人行道地面 (图 4-5)。可以想象，当人行道地面有积水时，按照水往低处流的常识

图 4-6　餐馆外人行道旁的水池高于路面，下雨时，人行道上的
　　　　地表径流无法排入水池中

图 4-7　降雨形成的地表径流最终流向餐馆的示意图

来判断，餐馆地面就是接纳室外人行道积水的低处，结果就是：只要下雨，雨水就会自然而然地进入餐馆。如果室外人行道地面有渗水功能，下雨时几乎不形成地表径流，餐馆进水的威胁就能大为减少。令人遗憾的是，这个餐馆外的人行道地面使用混凝土砖与水泥做了硬化铺砌，地面几乎毫无渗水功能。

在餐馆外面的人行道另一侧，有一长条形景观水池，应可接纳人行道地面在下雨时产生的地表径流，但设计者将水池壁设计得高出了人行道的地面（图 4-6），其结果就是，雨水在人行道上形成的地表径流无法流入水池，只能流向餐馆（图 4-7），给经营者造成了一次又一次的损失。最终，在餐馆门前新建了雨水排放沟之后，问题得以解决。

图 4-8　新华社报道：2011 年 6 月 23 日在北京西三环莲花桥附近，一辆汽车被积水淹没

图 4-9　通往下凹式路段周边道路的绿地高于人行道，地表径流无法进入绿地而只能顺着马路流向低处

不良设计实例 2: 水淹车的下凹路段

此实例是北京西三环莲花桥附近的下凹路段。2011 年 6 月 23 日，新华社以《北京遭遇强雷雨天气》为题发布了多张道路积水的报道，其中有一张图的说明写道："在西三环莲花桥附近，一辆汽车被积水淹没"（图 4-8）。幸好司机及时从车里逃了出来。后来有电视报道：她开的车因水淹而彻底报废。

在看到新华社对此事报道一周后，笔者去发生内涝的路段查看了周边的环境设计。那天正好又是下雨，雨量只是小到中雨，但已经能够看到马路上有雨水形成的地表径流往公路桥下的下凹路段汇流，而这些地表径流大量来自周边的人行道。人行道旁有绿地，但绿地建得高于人行道，绿地的水泥台基使得地表径流无法被绿地吸收，只能流向马路路面（图 4-9），而此段马路的最低处就是发生内涝淹车的地方。可以推测：正是因为路面的地表径流都只能汇流到下凹路段，在天降大到暴雨时，下凹路段极易瞬间成为威胁过往行人与车辆安全的内涝区。

好设计

图 4-10 公路路肩无路肩石是利于排水排尘的好设计

差设计

图 4-11 公路路肩有凸起路肩石是不利于排水排尘的差设计

不良设计实例 3: 阻挡排水的路肩石

这类实例是指在道路路肩上修筑了不该有的凸起路肩石。让我们先看一个设计简约且排水良好的道路设计的实例（图 4-10）。从图中可以看到，此高速路的路面与绿地之间没有任何阻挡，且绿地建得低于高速路路面，这样的设计有助于高速路路面自行向绿地排水，而长满植被的绿地对水有很强的吸收能力（仅是草地就能在 1 小时内吸收一场大雨的降雨量），所以下雨时，这样的高速公路路面几乎不会出现积水问题，这就是利于排水排尘的好设计。

然而，我国多地的高速公路与普通马路旁，道路与绿地被一个凸起的路肩石隔断了（图 4-11），而且路肩石之间的缝隙也被水泥封闭了。这样一来，下雨时，降落到道路路面的雨水无法自然排入绿地，只能在路面上形成积水（图 4-12）。当车辆行驶在积水处时，易引发水雾而影响能见度，进而影响行车安全（图 4-13）。若道路积水只能通过埋在地下的雨水管道排走，一旦管道有破损，雨水溢出管道冲刷地下的路基，易引发涮空路基致路面塌陷的事故。

|1|2|
|3|

1　图 4-12　凸起的路肩石阻碍雨水排向绿地从而引发道路路面积水问题

2　图 4-13　雨时公路路面积水产生的水雾易引发交通事故

3　图 4-14　2012 年 7 月 21 日北京暴雨在奥林匹克森林公园北园造成的小型泥石流

不良设计实例 4：奥林匹克森林公园中的泥石流

此实例发生在北京的奥林匹克森林公园北园。2012 年 7 月 21 日，北京下了一场暴雨，引发了严重的城市内涝与郊区山洪灾害，简称为"7·21 暴雨事件"。这场暴雨也在奥林匹克森林公园的北园造成了一场小型的泥石流。笔者的一位朋友住在公园附近，他有每天去此园步行的习惯。在那场暴雨之后，他发现了园中一处较为僻静的小山丘发生了小型泥石流（图 4-14）。

路肩石

水泥路面

图 4-15　奥林匹克森林公园北园山顶区的水泥硬化地面与两侧路肩石形成了"水槽式"道路。这种路面在天降暴雨时极易形成强大的地表径流

图 4-16　2012 年北京"7·21 暴雨事件"后，在奥林匹克森林公园北园山顶下山的道路地表上留下了强大的地表径流的冲刷痕迹

　　几天后，笔者随朋友去看现场，只见山丘上的石头与泥土一起滚落下山，滚下来的石头有半人高，幸好那天山丘下没有游人，无人受伤。然而这个小型泥石流是怎样形成的呢？笔者跟随朋友步行到了山丘的上部，发现山顶与下山的道路以硬化的水泥地为主，而且，道路两旁都筑有高约 10 厘米的凸起路肩石，使得道路像个"水槽"（图 4-15），下雨时，这样的"水槽式"道路很容易汇聚雨水。因路肩石的阻碍，雨水无法排向周边区域，只能汇聚在"水槽式"的道路上，并沿着坡度较大的路面下冲式前行（图 4-16）。按路面 3 米宽来计算，因有 0.1 米高的凸起路肩石，此路段每 3.3 米就能汇集约 1 立方米的雨水，其重量约为 1 吨。在长达数十米的道路上，雨水汇集量可达十几立方米，总重量十多吨！当这样一个巨大的地表径流沿着坡型道路冲下山时，在路旁某转弯处极易冲出一个缺口，于是地表径流通过这个缺口冲向了道路外的山体，将山体石头与泥土一起冲下了山坡，造成了小型泥石流的发生。

图 4-17　在路肩石上开凿多个排水口有助公路排水

由此看来，设计道路，特别是山路，万万不能修建有凸起路肩石的水槽式道路，否则会导致难以预料的灾害。在 2012 年北京发生"7·21 暴雨事件"时，北京电视台播出了房山区的山洪夹带着轿车沿着山上的公路汹涌而下的画面。事后，当地人告知：那次暴雨，受灾最严重的路段就是新建的公路，而以前建的老公路并未出现大的灾情。笔者推测，新建的公路很有可能被建成了有凸起路肩石的水槽式公路。如果要避免灾害再次发生，可在公路边凸起的路肩石上开凿多个排水口（图 4-17），这些开口能让公路上的雨水快速而分散地排到周边环境中，被土壤吸收，这样做能避免雨水在道路上汇集，由此免除雨水汇集在公路上形成灾害。

懂了这些道理后，我们再去观察中国古人对道路的设计。这些设计在中国古代遗留下来的坛庙、院落、村镇、园林、宫殿、陵墓都能看见。我们会发现，中国古人设计的道路是非常有利于排水的，因为中国古代的道路路面都是建得高于有植被的地带（图 4-18），而且，古人铺路会有意铺出中间高、两边低的微型坡度，其形状称为"熊背"样式 [6]，这样的道路路面在下雨时不积水（图 4-19 至图 4-21）。

1　图 4-18　中国古代的道路设计是路面高于植被地带
2　图 4-19　沈阳清昭陵中的"熊背"样式路面实例
3　图 4-20　北京房山铁瓦寺中的"熊背"样式砖地
4　图 4-21　桂林靖江王府中的"熊背"样式青石地

1	2
3	4

图 4-22 湖北武当山的石板路

图 4-23 西南地区农村中使用了上百年的石板路就是将石板直接放在泥土上铺就而成

　　中国的多处名胜古迹都修建在山上。上山的路多为石板路，有些石板路存在了几百年甚至上千年，但那些石板依旧安然地躺在原位，不曾发生过被雨水冲刷而发生位移的问题。要能做到这一点，中国古人建造道路的智慧之一就是顺应自然，让路面上的雨水直接渗入石缝中或就近流入周边环境的土壤里（图4-22），而吸纳了雨水的土壤不易因干燥而松动，所以，让石板下的土壤保持湿润有利于稳固路基（图4-23）。可以说，中国古代存留至今的道路之所以有持久的生命力，在于它们的设计是环境友好型的，因而是可持续的，而这种道路设计模式已在当今的发达国家开始广泛应用。

1	2
	3

1　图 4-24　苏州拙政园中古人铺砌的渗水地面
2　图 4-25　德国广泛铺砌的渗水地面实例
3　图 4-26　德国将绿地建得低于路面的设计实例

　　20 世纪 80 年代，有约 30 位联邦德国的建筑师自费到中国旅游，他们在苏州参观了中国的古典园林，其中有建筑师对中国古代园林中的铺地给予了认真关注。中国古人铺砌渗水地面（图 4-24）的做法给了德国建筑师们启示。从 20 世纪 90 年代开始，联邦德国为减少城市内涝开始大力倡导铺砌渗水地面。2011 年 4 月，笔者在德国旅行时注意观察了多地的路面设计，不出所料，德国现在最为常见的防涝设计有三个方面：一是大面积铺砌渗水地面（图 4-25）；二是路边的绿地要低于道路路面（图 4-26）；三是让路面有微型坡度（图 4-27）。这与中国古人建造道路的传统做法完全一致。

图 4-27　路面有微型坡度，路肩无路肩石，路旁有植草沟的德国公路设计实例

图 4-28　在德国的某些公路地段，机动车道、自行车道、人行道并行但有植草沟与林荫带相互隔离的设计

（图中标注：自行车道　步行道　机动车道　植草沟）

德国公路设计实例

由于现代人有开车、骑车或步行三种出行方式，在德国的多个城市或乡村，不时能看到有机动车道、自行车道、步行道三道并行的设计实例，而且三道之间有植被地带起分隔作用（图 4-28），这不仅是对环境友好的，也十分有利于减少事故。从图 4-28 中可以看到：植草沟就是机动车道旁的植被带，它既能接纳道路上的排水，又能吸附路面上的灰尘，还起到了与自行车道相分隔的作用。而自行车道另一侧的树林地带不仅起到了与人行道的屏障作用，也为自行车道和机动车道提供了阴凉。道路周边所有的植被地带都有吸收雨水、净化空气、降低燥热的作用。这种简约、顺应自然、对人和环境都友好的设计就是当今人们较为认可的有利于低碳生活的好设计。

在四川与陕西的交界地广元，如今的旅游者还能去修建于公元前 200 多年前秦朝时期的 200 余里古蜀道行走，沿路可见古人种植在道路两旁的古柏树上万棵，它们是中国古人修路必植树的见证。从自然排水与植树遮阴这两项设计并存的事实来看，中国古代的道路设计水平至今都是国际领先的。

有树荫测温区　　无树荫测温区

图 4-29　行道树在夏季给地表降
温效应的测试地点

4.3　树荫与草地在夏季的降温效应

　　树荫能在夏季给地面降温多少？在北京某个夏日的下午（当天预报的最高气温为 33℃），笔者到某处公路段做了一次地表温度测试。这条公路虽然两边都有人工栽种的绿植，但一边种的是树木，能给路面遮阴，而另一边种的是灌木，不能给路面遮阴（图 4-29）。测得的温度结果是：在无树荫的区域，气温为 38.3℃，沥青地表为 47.2℃，花岗岩路肩石为 46.1℃，透水砖地为 44.1℃；而在有树荫的区域，气温为 35.1℃，沥青地表为 35.5℃，花岗岩路肩石为 35.2℃，透水砖地为 34.5℃。树荫的降温效应详见表 4-1。

表 4-1　公路地段的树荫在夏日 * 的降温效应

测温处	阳光下（℃）	树荫下（℃）	树荫下与阳光下的温差（℃）
空气	38.3	35.1	−3.2
沥青地	47.2	35.5	−11.7
花岗岩路肩石	46.1	35.2	−10.9
透水砖地	44.1	34.5	−9.6

＊测温时间为 8 月初某天的 14：30，当天的天气预报最高气温为 33℃。

图 4-30　被测温的庙院中有树木、草地与透水砖地

　　从这个测温结果来看，在夏季，树荫能明显降低环境的温度。在此次的测温环境中，在下午 14 时 30 分日照最强时段，树荫下空气温度比阳光下空气温度低 3.2℃，树荫下沥青地表温度比阳光下沥青地表温度低 11.7℃，树荫下花岗岩路肩石温度比阳光下花岗岩路肩石温度低 10.9℃，树荫下砖地温度比阳光下砖地温度低 9.6℃。所以，只要道路绿化注重栽种与保护有遮阴能力的树木，就能起到在夏季为公路路面降温的作用，进而减少爆胎等交通事故发生的风险。当整个城乡的绿化都注重保护树木时，夏季的炎热与空调能耗也会自然降低，这非常有利于城乡的低碳发展。

　　在被测温公路附近有一座庙，庙中的院子里有树木，地面有透水砖地与草地（图 4-30）。笔者在给公路测温之前，先进入小庙测了从气温到地面的环境温度。在阳光下，气温为 36.5℃，透水砖地为 37℃，草地为 32.7℃，比较的结果是：草地的温度最低。而在树荫下，气温为 33.7℃，透水砖地为 31.2℃，草地为 29℃，仍是草地的温度最低。从这些测温数据来看（表 4-2），在夏季，树荫与草地都对这个小庙的环境有降温作用。

图 4-31　中国传统四合院内植树与地面保留大
比例植被地带有助于夏季降温

表 4-2　小庙内树荫与草地在夏日 * 的降温效应

测温处	阳光下（℃）	树荫下（℃）	树荫下与阳光下的温差（℃）	与草地的温差（℃）	
				阳光下	树荫下
空气	36.5	33.7	−2.8	+3.8	+4.7
透水砖地	37	31.2	−5.8	+4.3	+2.2
草地	32.7	29	−3.7	—	—

* 测温时间为 8 月初某日的 13：30，当天的天气预报最高气温为 33℃。

　　表 4-2 的测温数据提示着我们：要减少夏季炎热对人体带来的伤害，规划设计必须告别大面积硬化地面的误区。我们应当向古人学习，尽量保留住环境中的树木与有植被的地表（图 4-31），让树荫与草地发挥好自然空调的作用，为我们的环境在夏季带来凉爽。这可应用于降低热岛效应的低碳设计。

　　有了以上测温所获得的认知后，我们自己就能对设计做出好与差的判断了，以下是三个对不同设计的判断实例。

图 4-32　上有树荫、下有草孔的停车场凉快

图 4-33　上无遮阴、下为硬化地面的停车场炎热

实例 1：对停车场设计的判断

图 4-32 与图 4-33 是两种不同设计的停车场。图 4-32 的停车场上有树冠较大的树木，停车场地表铺的是多孔型地砖，砖孔里长了很多草，这样的停车场上有树木遮阴、下有草地降温，所以夏季在此停车会比较凉快，不易发生车体被晒烫的状况，因而这样的停车场设计就是好设计。

图 4-34　中国古人种下的大树带来的夏季遮阴效果　　　　　图 4-35　林中停车场，地表铺细砾石可减少热反射

与之相反，图 4-33 的停车场地面硬化，周边绿地只有矮花，没有大树，停车场完全暴露在日晒之下，这样的停车场哪怕建得再豪华都是一个差设计。可以想象，从春季到秋季，只要日照强烈，在这里停车都可能出现车体被晒热甚至发烫的问题，十分影响车内的舒适度，甚至可能危害人体健康，需要开空调来给车降温，这就增加了车的能耗。

选择什么样的树适合遮阴？有文献介绍：树冠稀疏的树可遮挡 60%～80% 的阳光，而树冠浓密的树可遮挡的阳光量高达 98%。被遮挡的阳光辐射会大部分被树木吸收，用于蒸腾与光合作用 [7]。而在中国传统建筑的设计与建造中，种树遮阴的做法非常普遍（图 4-34）。种植传统的遮阴树种，或是利用已经存在的乡土树林，都能设计出遮阴效果好的树荫停车场（图 4-35）。

图 4-36　没有树荫、地面硬化的步行道可能在夏季引发热伤害

图 4-37　有树荫、使用透水砖铺砌的步行道在夏季会使行人感到凉爽

实例 2: 对步行道设计的判断

图 4-36 与图 4-37 是两种不同的步行道设计。图 4-36 的步行道摄于北京某城市森林公园，这是一条设计得过于宽敞的硬化步行道。此图摄于夏季 7 月初的一个下午。从图中可看到：走在步行道上的人们都打着遮阳伞，步行道两侧的树林带没有为人行道提供遮阴的功能，因为在步行道与树林带之间，有一条较宽的花卉景观带，它将步行道与树荫地带隔开了。毫无疑问，这是一个不好的设计，因为在夏季，当人们走在这种暴晒下的硬化步道上时，会因头上高温与脚下发烫而产生焦虑感，体弱者有可能出现身体不适。

图 4-38　使用沙质颗粒铺路能减少路面的热反射（摄于德国）

图 4-39　中国古人使用石块与砖片等建筑废物铺在土层上来建造庭院的地表，因缝隙多、土层湿，在夏季不易出现高温与热反射问题（摄于苏州）

　　有资料指出：道路与其他硬化表面吸收且存储来自太阳的热。与湿的、沙质土壤相比（图 4-38），绝大多数硬质材料传热更快。马路也起反射热的作用，吸收一些阳光的能量，并将其中一部分反射到其他的硬质表面上 [7]。

　　可以想象，在夏季的阳光下，图 4-36 中暴晒的硬化步行道地表温度不低，又因硬质路面能将热反射到行人身上，这会加重人体对炎热的不适感，甚至可能引发热危害。与之相反，图 4-37 中使用透水砖铺砌的步行道宽度适中，树荫区几乎能完全覆盖步行道，在夏季，行走在这样的步行道上，人们就会感到凉快，故而是好设计。

　　中国古人常利用石块与砖片等建筑废物铺在土层上来建造庭院的地面（图 4-39），因石块与砖片中的多个缝隙能阻止热传导，而且潮湿的土层也有助于石块与砖片的散热，这样的地面也能在夏季保持温度较低，不易产生热反射。

图 4-40　居民楼外有阔叶树围绕，夏季凉爽、冬季挡风，故而是节能型设计

图 4-41　居民楼外没有树木，易在夏季出现高温、冬季遭受寒冷，故而是耗能型设计

实例 3：对居民楼外环境设计的判断

图 4-40 与图 4-41 展示了两种居民楼外的环境面貌。图 4-40 中的居民楼周边种了很多阔叶树，在夏季，因树木的遮阴作用而使居民楼外的环境比较凉快，这能降低居民楼内的热感。相反，图 4-41 中的居民楼周边没有树木，夏季可能导致楼内外都出现高温，居民必须依靠空调降温，这样的居民楼会是耗能型的。

英国有学者做过研究：房屋外栽种的树木要选择阔叶树，这类树在冬季会落叶。夏季时，阔叶树的叶片长得茂盛，遮阴效果好，能减少房屋暴晒于阳光之下；冬季时，无叶的阔叶树不挡光，不妨碍阳光直射房屋，为室内增加温暖。此外，树木的枝干还能在冬季抵御部分寒风，使其风力减小。根据他们对能耗的计算，周围有树的房屋比没有树的房屋一年可节能约 25%[7]。

图 4-42　北京一传统四合院院外的绿植与树荫

　　这提醒我们：在中国新建的人居环境中，种树有助于人们过上低碳生活。其实，在中国传统的人居环境中，在房前、屋后、院内、院外种树都是老习惯（图 4-42）。只要设计师与管理者以尊重的态度来恢复中国人喜欢种树的老传统，放手让居民参与在住房周边栽种适宜的乡土树，人们对人居环境的满意度与幸福感就会随之提升。

　　从以上三个实例可以看出，减少人居环境出现高温的最好方法就是遵循中国的古训："前人种树、后人乘凉"。

图 4-43　北京故宫的护城河（筒子河）是故宫防涝排水的去处，又
是故宫工程用水、绿化用水、灭火用水等非饮用水的水源

4.4　中国古代防涝的通行做法

如何避免环境出现内涝的问题？让我们来看看中国古代防涝的做法。

古代防涝做法 1：建造水池以排水与蓄水

在北京，故宫（紫禁城）的护城河就是一个典型的例子，此河名为"筒子河"，环绕故宫城墙外而建（图
4-43），河宽 52 米，河深 5 米，河长 3840 米，可容纳水量 99.84 万立方米。筒子河接纳故宫排出的雨水，
蓄于河中。河中之水可通过特定的入水口又进入故宫内。

筒子河的最大容量计算：

52 米（宽）×5 米（深）×3840 米（河长）= 998400 立方米

故宫建成于明朝的 1420 年，从建成到 21 世纪初近 600 年的历史中，故宫没有被水淹过的记录[8]。

图 4-44　故宫卫星照
（卫星照来自：八九网，作者剪辑制作）

　　由筒子河环绕的故宫呈长方形（图 4-44），它的南北长 961 米，东西宽 753 米，面积约为 72.4 万平方米。以北京年均降水量为 650 毫米来计算，一年内，降落到故宫内的雨水加雪水总量为 47.1 万立方米，只接近护城河容量（99.84 立方米）的一半。这表明，哪怕出现降水超出一倍的异常状况，筒子河也接纳得下故宫排出的全部雨水。

　　故宫向筒子河排水的出口位于城墙的东南角西边（图 4-44、图 4-45），而筒子河向故宫输水的入口在城墙的西北角东边（图 4-44、图 4-46）。为了让雨水既能自然地排出故宫，又能自然地流入故宫，古代设计师为故宫建造了北高南低的坡型地面（图 4-47）。有资料指出：故宫"北门神武门的地平标高 46.05 米，南门午门的地平标高 44.28 米，竖向地平差约 2 米"[9]。依据故宫南北长 961 米来计算，故宫从北到南的地面坡度约为 0.2%。这一坡降为故宫提供了自然排水的地势，使雨水能自行流向东南处，排入故宫的护城河，即筒子河。

南　北

1	2
3	

1　图 4-45　故宫城墙东南角有一棵古老的大树，故宫向筒子河的排水口就在附近的水面之下

2　图 4-46　故宫城墙西北角东边的筒子河岸壁上有一个石砌圆洞，这就是筒子河水进入故宫的入水口

3　图 4-47　故宫的地面有着北高南低的微型坡度

降雨时，故宫地表吸收不了的雨水会进入明沟与券洞（图 4-48）或通过排水石槽进入地下暗沟（图 4-49），然后通过多个排水口汇集于故宫的内金水河中（图 4-50），最后由内金水河（图 4-51）输往故宫城墙东南角的排水口，成为筒子河中的备用水源。

1 图 4-48 故宫中的排水明沟与券洞入口
2 图 4-49 太和殿广场南的排水石槽与钱眼，石板下是排水暗沟
3 图 4-50 故宫的内金水河接纳地表径流与多处明沟和暗渠的排水
4 图 4-51 内金水河在古代有着增加景观、提供施工与消防用水、提供浇灌与鱼池用水、排涝与调节气温等功能

1	2
3	4

筒子河

图 4-52　故宫西北角东边的筒子河水进入故宫的入
　　　　水口全景。摄于 2014 年 8 月筒子河因维
　　　　修而放干了河水时

图 4-53　故宫御花园中的鱼池

　　　故宫中的内金水河全长约 2 千米，它的两头都与筒子河相通，它的起始端是故宫西北角东边的入水口，
终止端是故宫东南角西边的排水口，它是故宫 90 多个院落排泄雨水的通道，也为故宫提供了时隐时现、曲
曲折折的美丽水景[10]。图 4-52 是在筒子河因维修而放干水时拍到的筒子河水进入故宫的入水口全景。此
处有水闸，遇汛可关闭。明清时期，故宫中的工程用水以及种花、浇树、养鱼（图 4-53）用水，还有灭火
的主要用水均取自于由筒子河供水的内金水河[8]。

图 4-54　1906 年的故宫外筒子河长满莲荷
　　　　（图片来自《寻找老北京城》第 39 页，中国民族摄影
　　　　出版社，2005 年 7 月）

明沟

图 4-55　故宫建筑的台基与台基下设计美观的排水明沟

　　古人曾在筒子河中大面积种植了莲藕，这既保护了筒子河水的自净能力，又能大量收获可食用的莲藕（图 4-54）。中国古人在 600 多年前完成的这一设计，在欧洲国家的历史上是找不到的。笔者认为，这是世界上最先进、最美丽，也是最具有可持续生存智慧，有着排水、蓄水、净水三重功能的防涝设计之一。

　　故宫的建筑大多都建在台基上，在有些建筑的台基下就能发现设计讲究的排水明沟（图 4-55）。在故宫的中轴线上，有一个三座大殿（太和殿、中和殿、保和殿）共享的台基，那就是故宫中面积最大、最为壮观的台基群（图 4-56）。如果你走到这片开阔的台基上，蹲下身去观察，你就能清楚地看见：台基地面有明显的坡度（图 4-57），而且，为了让台基上的雨水顺利地排向台基之外，古人还在台基石栏杆的底座细致地设计了分布均匀的排水孔。

排水孔 ←

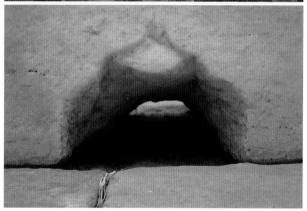

<table>
<tr><td>1</td><td>2</td></tr>
<tr><td>3</td><td></td></tr>
</table>

1　图 4-56　故宫中三大殿（太和殿、中和殿、保和殿）的台基群

2　图 4-57　三大殿的台基地面有明显的坡度，石栏杆底座有排水孔，有利于排水与自然除尘

3　图 4-58　故宫石栏杆底座上的排水孔形似花瓣

　　这些排水孔形似花瓣，孔宽约 12 厘米、高约 6 厘米（图 4-58），排水孔的间距约为 95 厘米（图 4-59）。可以想象，降雨时，雨水顺着台基坡度会很快到达石栏杆的底座，其上密集分布的排水孔能让雨水迅速排空。不仅是雨水，台基上的灰尘也能顺着坡度进入排水孔，然后通过这些孔洞排向台基之外，故而台基上也没有积尘。

望柱

渗水地面

1	2
	3

1　图 4-59　石栏杆底座排水孔的间距约为 95 厘米，望柱之下的排水孔与螭首（龙头）相通

2　图 4-60　栏杆外侧望柱下的石雕螭首与它的吐水孔

3　图 4-61　三大殿台基下的砖砌地面能渗水，可直接吸收石栏杆底座排水孔排放的雨水与灰尘

在石栏杆外侧的望柱之下，古人安装了石雕的螭首，即无角的龙头（图 4-60），而栏杆内侧望柱下的排水孔与螭首相通（图 4-59）。当降雨强度增大时，台基就会出现螭首（图 4-60）吐水（龙吐水）的动人景观。

在台基之下，古人设计了两种接纳雨水的方式：一是用砖铺砌的渗水地面（图 4-61、图 4-62）直接吸收雨水，也吸收灰尘；二是通过明沟暗渠或排水干沟将雨水输送到内金水河中，让雨水最终到达筒子河。

图 4-62　古人使用城墙砖侧立为太和殿南广场铺砌的渗水地面。雨水通过砖缝渗入地下，灰尘也能被吸入砖缝中（摄于 2011 年）

图 4-63　1934—1937 年故宫太和殿南广场的面貌（梁思成等摄，引自《中国古建筑图典珍本》，北京出版社，1999 年）[11]

古代防涝做法 2：铺设高比例的渗水地面

图 4-63 是中国营造学社在 20 世纪 30 年代拍摄的故宫太和殿南广场的照片。当时的故宫处于关闭状态，南广场上大面积的古砖地都长出草来，这些区域正是古人使用不渗水的城墙砖以侧立并留出砖缝的方式来铺砌的渗水地面（图 4-62）。砖缝约为一指宽，缝中有泥沙，无人踩踏时，草就从砖缝中生长出来。这种砖缝密布的地面对雨水有很强的吸收能力。

在图 4-63 中可看到：太和殿南广场中间有一条未长草的直道，那是皇帝行走的御道，用汉白玉铺就，无渗水功能。因御道呈中间高、两边低的"熊背"样式，御道上的雨水会自行流向两侧的砖地，被砖缝吸收，所以，哪怕是在下雨天，皇帝走在御道上也不会湿鞋。因御道的硬化面积在太和殿南广场的占比不到 15%，而有渗水功能的砖地占比高于 80%，下雨时，总面积约 3 万平方米的太和殿南广场能基本保持无积水的状态（图 4-64）。

```
1 | 2
--+---
  | 3
```

1　图 4-64　在下雨天，故宫太和殿南广场的古砖地面无明
　　　　　 显积水的面貌

2　图 4-65　1934—1937 年故宫太和殿南广场西北角面貌
　　　　　 （梁思成等摄，引自《中国古建筑图典珍本》，
　　　　　 北京出版社，1999 年）[11]

3　图 4-66　1934—1937 年故宫太和门西北鸟瞰
　　　　　 （梁思成等摄，引自《中国古建筑图典珍本》，
　　　　　 北京出版社，1999 年）[11]

　　1934—1937 年，中国处于战乱期，关闭的故宫无人居住。在此期间，中国营造学社对故宫进行古建考察，拍摄了不少珍贵的照片资料。从这些照片可以看到：在故宫中的多个使用古砖铺砌的广场区域，长草地面的占比很高（图 4-65、图 4-66），这是砖地的缝隙有渗水功能的明显表征。

图 4-67　1992 年 5 月故宫太和殿南广场的面貌

图 4-68　故宫中古砖地被改造成为硬化方式铺砌的新砖地的区域出现下雨地面积水的问题（摄于 2011 年 7 月）

　　到 20 世纪 90 年代，在故宫太和殿南广场上，古人铺砌的能渗水的砖地比例保持着高于 80% 的原状。图 4-67 拍摄于 1992 年 5 月，图中太和殿南广场上大面积的灰色地面就是能渗水的古砖地。而图中游客较为集中行走的地面是广场中间的汉白玉御道，无渗水功能。

　　可是，2011 年 6 月 23 日下午，北京突降暴雨，有游客向互联网上传了题为"水淹故宫"的照片，拍的正是太和殿南广场上有明显积水的状况。几天后的 7 月 1 日，北京预报有雨，笔者前往故宫进行实地考察，结果发现：故宫中多处将古砖地改造成为硬化方式铺砌的新砖地都出现了下雨时地上有大面积积水的问题（图 4-68）。

图 4-69　2011 年 7 月雨天拍摄的故宫太和殿南广场地面的吸水状况。左侧无积水的地面是原有的古砖地，右侧有积水的地面是新铺的砖地

图 4-70　2018 年 4 月，工人们在故宫拆除新砖地，凿开水泥层，使原来的古砖地重现地表，以恢复地面的渗水功能。

在太和殿南广场，御道两侧原本能渗水的古砖地也被改造成为用硬化方式铺砌的新砖地，结果导致新砖地区域没有了渗水功能。好在太和殿南广场上还有很大面积的古砖地未被改造（图 4-69）。如果你在游览故宫时，想自己考察一下古砖地的渗水能力，你只需一瓶矿泉水，将瓶中之水直接倒向古砖地。你可看到：古砖地几乎能在瞬间就把水都吸收掉。

2016 年 7 月 26 日《新京报》发表了记者黄颖的报道文章，题为《故宫明年全部恢复"旧"地面　提升排水渗水功能》。文中写道："故宫博物院从 2015 年开始逐步将全院的水泥地面和沥青路面改为砖石材料的传统建筑材料路面，不但使景观环境得到改善，更使排水和渗水功能得到提升……，时任故宫博物院院长的单霁翔预计，所有路面会在明年恢复为砖石路面。"图 4-70 为工人们正在拆除新砖地。

图 4-71　故宫庭院铺砌的渗水地砖在夏季雨后的面貌。渗水地砖能在雨后保持湿润，可降低地表高温

　　在故宫的居住型庭院里，地面铺砌的砖多为长方形的渗水砖（图 4-71），与城墙砖不同的是：渗水砖的砖体本身具有吸水能力。当夏季的雨水落在院中地面上时，渗水砖能将雨水吸收入地，同时砖体能保持潮湿，降低地面温度，从而有助于院落环境保持凉爽。

水井

图 4-72　故宫居住院中的古水井

　　雨水入地最实用的效果就是能补充地下水资源。在故宫的居住型庭院中，水井很常见（图 4-72），这是居住者们饮用与生活用水的水源。当水井的取水量大于地下水对水井的补充水量时，井中水位就会下降。建造故宫的古人使用渗水砖铺砌庭院地面达到了两个目的：一是能保障庭院地面在下雨时基本不会积水；二是能帮助院中的水井保持水位不下降。古人还为水井建了高于地面的台基，为的是防止地表污物进入水井。遗憾的是，现在故宫中的水井很难看到水了。

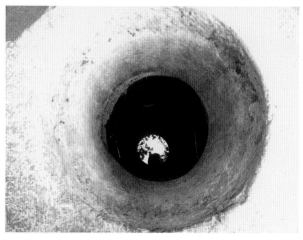

图 4-73　建于康熙年间的杭州岳王庙的忠泉古井，距今　　　图 4-74　杭州岳王庙忠泉井中的水位至今保持着稳定的状况
　　　　　已有 300 多年的岁月

　　2016 年，笔者在杭州游览岳王庙时，特意去看了此庙庭院中建于清代康熙年间的一口古水井。虽然已有 300 多年的岁月，但古井中的水位离地面不到 2 米，保持着取水方便的状态（图 4-73、图 4-74）。查看水井周边的环境，有助于雨水入地的古庭院设计遵从了铺渗水地面与建下凹式绿地这两条中国传统设计的基本大法（图 4-75）。笔者在这口古水井前站立了许久，感慨古人为后人留下的这一取水处延续了数百年而未枯竭，也深感：作为现代人的我们，必须将古人保护地下水资源的智慧传承下去。

图 4-75　岳王庙忠泉井周边的渗水地面使用鹅卵石铺在泥土上建成，路边的下凹式绿地中栽种的草本植物长得高大健壮，这些都有利于吸收雨水入地

图 4-76　建于 17 世纪的沈阳清昭陵宝城地面设计为外高内低的斜坡式，以利降落到地面的雨水快速进入长有植被的宝顶中

　　中国古代的道路设计都很注重自然排水与水资源利用。道路无论宽窄，路面都有坡度设计，要么是中间高、两边低的"熊背"样式，要么是一边高、另一边低的斜坡式（图 4-76）。在 13 世纪中国的元代，来自欧洲威尼斯的青年马可·波罗注意到了中国人设计道路的独特性。在《马可·波罗游记》中，有一段对"大汗的宫殿"草场道路设计的描述："道路都用砖石铺设，比草场地面高……，雨水不会积水成洼，而是流向道路两侧，用来滋润草木。"[12] 这说明中国古人在 800 年前就已对道路排水并利用雨水有了成熟的做法。

图 4-77　故宫交泰殿与周边建筑的屋顶组合面貌　　　　图 4-78　浙江温州江心屿上江心寺的屋顶面貌

4.5　中式屋顶的多种环境功能

中式屋顶功能 1：调风

　　图 4-77 是故宫中的一处屋顶群的布局，图中部的屋顶形同小山，与两边屋顶的坡面形成了状似山谷的通风道。因屋顶各处的日照强度不同，空气会因温差而发生流动，这样的屋顶群能自行生成和煦之风。而当外界有强风来袭时，这样的屋顶群又会因坡面多样、表面积大而具有分解强风的力量，起到保护建筑不易受损的作用。

　　在浙江温州江心屿的江心寺，笔者看到寺庙屋顶上有较长的翘角，而且屋顶的正脊与垂脊都是镂空的，屋顶下还有圆形的镂空窗（图 4-78）。当地人告知：此寺的前身毁于台风，现在的江心寺建于乾隆五十四年（1786 年），其屋顶的镂空结构与长翘角都与抗风相关。笔者认为：因风（气流）与洋流都是流体，江心寺屋顶的长翘角可能就像长在某些海螺壳上的长刺，能抵御流体的冲击。

图 4-79　中国传统建筑的坡屋顶在夏季具有接受光照强度小、散热易等降温优点

图 4-80　中国传统建筑的屋檐在夏季对建筑墙体有良好的遮阴功能

中式屋顶功能 2：消暑

中式屋顶的消暑功能主要表现在夏季能保持室内环境较为凉爽，原因有三个：一是中式屋顶在夏季接受的光照强度低于平屋顶；二是中式屋顶的散热设计好（图 4-79）；三是中式屋顶的屋檐能为建筑墙体遮阴（图 4-80）。

在天气预报最高气温为 33℃ 的某夏日的中午，笔者到一个有传统飞檐的小庙测了墙体的温度。在能接收到光照的墙面，石墙温度为 35.6℃，砖墙温度为 38℃；而在没有受到光照的墙面，石墙温度为 32.4℃，砖墙温度为 32.8℃。测温结果显示：与受到光照的墙面相比，未受光照的石墙温度低 3.2℃，砖墙温度低 5.2℃。测温结果表明：飞檐的遮阴功能给墙体带来的降温效果与安装室内空调几乎相同。

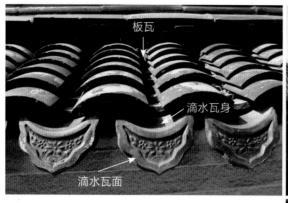

板瓦

滴水瓦身

滴水瓦面

散水

1　图 4-81　安装在中国传统建筑屋顶檐口的滴水瓦

2　图 4-82　北京故宫古建筑屋顶檐口的滴水瓦保护建
　　　　　　筑墙体免受雨淋

3　图 4-83　北京故宫滴水瓦檐口下作为散水的古石台
　　　　　　基未受雨滴侵蚀的面貌

1	2
	3

中式屋顶功能 3：消除雨淋

　　滴水瓦为中式屋顶所特有，被安装在屋顶檐口处（图 4-81），其特点是滴水瓦面上总有植物或动物的印压纹饰。因滴水瓦面与瓦身的夹角大于直角，降雨时，从板瓦流下的雨水能在檐口处被滴水瓦面以外抛方式泄向环境，以保护檐口下的墙体免受雨淋（图 4-82）。因滴水瓦面凹凸不平的花纹对来自板瓦的雨水有分散作用，故而能消减雨水对地面的冲击力。在装有滴水瓦的檐口下，地面的散水不出现雨滴侵蚀之害（图 4-83）。

图 4-84 山西皇城相府中的花园水池，水源来自引流雨水

雨水引流沟

图 4-85 皇城相府中的古石板路旁有设计细致的雨水引流沟

4.6 宜居设计要点与生态修复

　　了解了前面章节介绍的知识后，我们就基本能够自己对人居环境是否宜居进行评判了。有些古村落到现在还很受人们的喜爱，住起来让人感到惬意，原因就是环境宜居。这些宜居环境一般会有三个共同的特点：一是有收集雨水的池塘与雨水引流沟；二是有光照充足且冬暖夏凉的房屋；三是有能消除风灾并能自然调温的环境。这三个宜居环境的特点在中国古人建造的民居、村庄、城镇、庙宇、宫殿几乎都能发现。图 4-84 至图 4-87 是拍摄于山西皇城相府中的实例。

$$\frac{1\ |\ 2}{3}$$

1　图 4-86　山西皇城相府中的房屋设计采光良好

2　图 4-87　皇城相府中的院落屋顶设计能避风灾，
　　　　　　房前屋后栽种的大小树木能调节气温

3　图 4-88　过度硬化、建筑密集且高低突兀的城区
　　　　　　易出现不宜居问题

　　遗憾的是，中国现代的规划设计没有传承好中国古人建造宜居环境的智慧，这导致了今天我国多个城市的三大通病：一是硬化面积大；二是建筑密集且楼房高低突兀；三是未给水体与林地留出足够的空间。图 4-88 就是这样的一个城区实例，它会因为缺乏水体、树林、避风等环境设计而出现不宜居问题。

图 4-89　2005 年 4 月 1 日，即将完工的圆明园湖底防渗工程，白色部分为铺在湖底的防渗膜

　　若要判断对规划设计是否宜居，你只需问三个问题：下雨时，雨水往哪里流？夏季与冬季时，建筑如何降温与保暖？有风时，气流会在此环境中加速还是减速？如果规划设计未考虑到这三点，无论图纸显得如何工整，都可能会在按照规划完成建造之后出现内涝、高温、大风等环境灾害，进而造成难以预料的经济或生命损失。

　　为了避免规划设计带来的环境灾害，也为了使已出现环境灾害的建成区得到改善，中国需高度重视对建筑环境数据的采集、分析与研究。建筑规划与设计者们需收集多种建筑与道路表面的温度、排水、湿度、风速等数据，通过计算机模拟来发现设计方案中可能引发环境灾害的风险，然后对设计进行修改，以获得防止内涝、利用雨水、修复生态、节约能源、避免风灾等环境正效应。

　　对于已造成了生态严重被毁的工程，只要纠错，就有希望将其转变为万物重生的恢复生态之地，这是笔者亲历过一个实例而得到的认知。2005 年 3 月底，有学者发现：在北京的圆明园中，有一个大规模破坏生态的工程正在实施中（图 4-89），这个工程简称为"圆明园湖底防渗工程"[13]。此工程的目的是要连通圆明园中的大面积湿地（湖泊与水渠），将其建造成为能通行大船的游乐园。

```
1 | 2
─────
  3
```

1　图 4-90　2005 年 4 月 1 日圆明园在建硬化岸
　　　　　 体的工地

2　图 4-91　2005 年 4 月 1 日圆明园湖泊的无水
　　　　　 面貌，白色为铺在湖底的防渗膜

3　图 4-92　2005 年 4 月 1 日在圆明园湖底施工
　　　　　 的大型机械

　　为了让圆明园湿地的水位始终保持能行船的高度，这一工程做了三项设计：一是挖深湖泊与水渠；二是给湖泊与水渠的底部铺上防渗膜；三是将古人建造的生态驳岸（详见 5.2.3）全部改造成不能渗水的硬化岸体（图 4-90）。这项大规模的防渗工程于 2004 年秋季动工，到 2005 年 3 月底工程即将完工时，圆明园中所有的湿地都是干的（图 4-91），野蛮的施工将湿地中原有的水生生物与水体生态系统彻底毁掉了（图 4-92）。

图 4-93　2011 年 6 月，在有充足的中水水源的滋养下，圆明园已重现生机

图 4-94　2011 年 6 月，圆明园湿地中有了黑天鹅等多种野生鸟类到此栖息繁衍

　　通过媒体报道与公众质疑，国家环境保护总局（现生态环境部）对防渗工程发出了"停工令"。当年 7 月，清华大学相关机构发布了对圆明园防渗工程的"环评报告"，报告明确指出：防渗设计方案存在重大缺陷，防渗对生态环境影响很大，必须进行整改。报告还指出：经过严格处理达标的再生水是圆明园的补给水源之一，建议使用 [13]。

　　当年 8 月，圆明园启动整改，大面积拆除了铺在湖底的防渗膜。2011 年 6 月，笔者陪同友人去参观圆明园时看到：圆明园已重现生机勃勃的面貌（图 4-93），来自污水处理厂的中水为圆明园提供了源源不断的水资源。通过湿地植物的净化，圆明园湖泊中的水丰沛而干净，多种野生鸟类已来到这里的湿地繁衍生息（图 4-94）。

图 4-95　北京奥林匹克森林公园人工建造的山体与水体

4.7　挖湖垒山与零排放建筑

位于北京市区以北的奥林匹克森林公园曾是一片约 700 公顷的农业地带，主要种植蔬菜。2001 年 7 月，北京申办 2008 年夏季奥运会取得成功。2004 年 11 月，奥林匹克森林公园的五种规划设计方案在北京公开评审与展览，受到一致好评的规划设计方案有三个共同点：一是充分利用原有的自然地势；二是高度重视污水利用与雨水收集；三是促进恢复当地的生物多样性。

2008 年 7 月，北京奥林匹克森林公园建成开放，一个充满野趣的公园展现出来。这里有山有水，山上种着各种树木（图 4-95），水岸长满多样野草（图 4-96），湿地里有望不到头的芦苇荡（图 4-97），甚至会突然飞出一只大野鸟。据介绍，园中的山由修建鸟巢（图 4-98）、水立方（图 4-99）等奥运场馆产生的土方堆成；园中的水来自城市污水处理厂产出的中水；园中的树在保留原生树木（图 4-100）的同时于 2006 年增种了多个乡土树种（图 4-101）。

1　图 4-96　奥林匹克森林公园的河岸长满天然植被
2　图 4-97　奥林匹克森林公园中人工建造的芦苇荡
3　图 4-98　北京奥运中心修建鸟巢时挖出土方后的面貌
4　图 4-99　北京奥运中心修建水立方时的建筑工地面貌

| 1 | 2 |
| 3 | 4 |

<table>
<tr><td>1</td><td>2</td></tr>
<tr><td colspan="2">3</td></tr>
</table>

1　图 4-100　奥林匹克森林公园中保留的原生树种与地被植物

2　图 4-101　奥林匹克森林公园中人工种植的多样乡土树种与
自然生长的地被植物

3　图 4-102　2011 年 7 月的奥林匹克森林公园已成为孩子、
成人、野生生物都喜爱的乐园

　　成功建造奥林匹克森林公园的实例表明：按照中国传统的做法建造公园，以蓄水、垒山、种乡土树三点为要，不仅能利用废弃土方造出山水相映的美景，还有助于生物多样性的快速恢复。

　　2011 年夏季笔者再访奥林匹克森林公园，园中树荫更浓密，水质更干净，虫鸣鸟叫，鱼游成群，这里已成为孩子、成人、野生生物都喜爱的乐园（图 4-102）。

图 4-103　2016 年 8 月北京奥林匹克森林公园鸟瞰照

　　有位住在奥林匹克森林公园附近的居民告知：在炎热的夏季，奥林匹克森林公园内的气温能维持在 20 几℃，那里是纳凉的最好去处。2016 年 8 月，笔者到北京奥林匹克塔上鸟瞰了这片建成于 8 年前的城市森林公园，她的山形水系显得更趋于自然，植被生长浓密而多样，显然，她对保护当地的自然物种、调节城区的局部气候正在发挥着重要作用（图 4-103）。

　　以挖湖蓄水、垒山种树为特色的中国古代造园法可在《圆明园四十景图》中看到多个实例。《圆明园四十景图》绘制于清朝乾隆九年（1744 年）前后，每幅图都配有乾隆的赋诗。圆明园始建于清康熙四十六年(1707 年)，其造园的做法是：遵循自然地势，将低地挖深成湖，将土方就地垒堆造山。当湖中蓄满雨水、山围种有树木时，山水共存的环境得以建成。在背山面水、光照充足的位置建造房屋，人就能健康地居住在依山傍水的环境中了。

图 4-104 《圆明园四十景图咏》中的"濂溪乐处"。水中植物是人工栽种的莲藕（清朝宫廷画师唐岱、沈源绘）

图 4-105 圆明园中大面积栽种的莲藕对鱼类有着提供食物、遮阴、避免飞鸟袭击等功能

　　《圆明园四十景图咏》中的"濂溪乐处"写实图就是这种造园法的成果之一（图 4-104）。在此图中，我们还能看见：古人使用乱石垒岸（详见 5.2.3）的方法来建造湖岸，在水中栽种大面积的莲藕。因乱石垒岸形成的多种石缝能为水中生物提供栖息与繁衍的环境，而莲藕硕大的叶子连成一片（图 4-105）能为鱼类提供遮阴区且能避免飞鸟对鱼的捕食，这些做法都十分有利于保护水体生态，从而保护水的自净能力。再进一步，从莲藕和鱼类能为人类提供淀粉与蛋白质食物的角度来看，中国古人创建的挖湖堆山的造园手法与当今世界推崇的可持续发展原则不谋而合。

图 4-106 零排放建筑"沪上生态家"的模型
（摄于"十一五"国家重大科技成
就展）

图 4-107 零排放建筑"沪上生态家"模型屋
顶的可再生能源布局
（摄于"十一五"国家重大科技成
就展）

　　进入 21 世纪的低碳时代，中国人居住的建筑该是什么模样？ 2011 年 3 月，北京举办了"'十一五'国家重大科技成就展"，在"绿色建筑"的展区中，有一个名为"沪上生态家"的零排放建筑模型很吸引观众的注意。这是一个有五层楼高的居住型建筑，楼房旁有大面积绿地，其中植树区的占比超过 70%，且树种多样。在绿地与楼房之间有收集屋顶雨水的水池，它能为浇灌绿地提供水源（图 4-106）。楼房的屋顶上有太阳能光伏发电与风力发电装置，还有太阳能集热板，能为住户提供电力与热水（图 4-107）。

图 4-108 零排放建筑 "沪上生态家" 在中国 2010 年上海世界博览会 E 区的建筑实体照

图 4-109 "沪上生态家" 建筑实体的局部照

　　笔者曾在参观中国 2010 年上海世界博览会的城市最佳实践区时进入过这个模型的建筑实体——上海案例馆 "沪上生态家" (图 4-108)，在这个零排放的建筑中，建筑墙体的保温与通风设计极为多样，能使建筑在低能耗的状态下保持冬暖夏凉。看来，"沪上生态家" 的设计继承了我国古人建造人居环境注重向阳、通风、蓄水、植树的好传统，又使用了新设计、新建材、新能源来实现建筑的实用感、现代感与零排放，令人称赞！"沪上生态家" 向我们展示：中国人已经具备了用自己的智慧与技术来建造低碳、宜居的美丽家园的能力 (图 4-109)。

5

多国环境友好型
设计实例

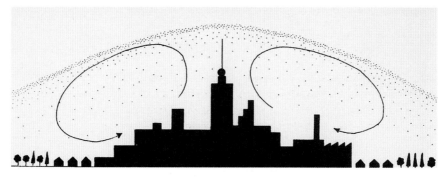

图 5-1　城市热岛与周边植被区对空气流动的影响示意图[7]
　　　　图中密集的小点是悬浮颗粒物，带箭头的弧线表示空气的流动走向。因植被区上空的温度较
　　　　低，空气会沉降并被植物净化，然后去置换硬化建筑表面静稳的热空气

　　笔者到世界多地旅行时注重观察环境友好型设计，有些设计做法简单、能解决问题、持续效果好，值得参考。以下介绍有利于净化空气、防止内涝、管理卫生、绿化环境四个方面的设计实例。最后简介宜居城市的要点。

5.1　有利于净化空气的设计实例

汉诺威的城市林区

　　在硬化面积大的区域，由于硬质表面吸收太阳的辐射热，并将热释放到周边的环境中，只要有强烈的阳光照射，这个区域的气温就会快速升高，形成热岛效应（即此地气温高于周边环境气温的现象）。随着热空气的上升，多种颗粒物会随着气流到达该区域的上空，形成悬浮颗粒物，引发空气污染。要想净化空气，

图 5-2　德国汉诺威市的城市林区

图 5-3　汉诺威城市林区旁有相互分隔的有轨公交车道、机动车道、自
　　　　行车道、人行道

就要设法把悬浮在空气中的颗粒物除掉，而植物就是最好的"吸尘器"。在硬化面积大的居住区，见缝插绿地种树、在周边建树林地带等都能起到净化空气的作用，这是因为：树林上空的气温低，有助于悬浮颗粒物沉降并被树叶吸附，当空气流过树林时，就可被树林净化（图 5-1）。

　　笔者曾留学过的德国汉诺威就有一大片城市林区（图 5-2）。这片林区是人工种出来的，造林时间始于20 世纪 50 年代。从图中可以看到：林区尽头有一片建筑群，那里有包括医学院在内的多个科研教学机构。林区的另一侧就是热闹的市区居住地。为了方便市民穿行林区，自行车道、步行道、机动车道、有轨公交车道并行但相互分隔或完全独立地分布在林区外围地带（图 5-3）或林区中。

　　林区里或外围地带不光都是树木（图 5-4），还有汉诺威市的动物园（图 5-5）、大型露天体育场（图5-6）、国际会议中心、市立公园等。在紧邻居民区的林区中，沙坑、池塘、休闲座椅的设计为家长带孩子玩耍、接触大自然提供了好去处，也是市民散步、遛犬、观鸟的好地方（图 5-7）。

1　图 5-4　汉诺威城市林区中的树木与野花地被
2　图 5-5　城市林区中有汉诺威市动物园。图为乘坐公交车前来的老师与学生走在动物园入口的通道上
3　图 5-6　汉诺威城市林区中的大型露天体育场
4　图 5-7　汉诺威林区中的池塘有多种野生鸟类栖息

1	2
3	4

1	2
	3

1　图 5-8　汉诺威城市林区中的自行车道

2　图 5-9　汉诺威林区中的市内公路地段架设有过街天桥，
　　　　　专供穿越林区的骑车人与步行者使用

3　图 5-10　汉诺威林区中单车道公路为骑车人与步行者设置
　　　　　的穿越马路的安全岛

　　林区中的自行车道通往多个方向（图 5-8）。笔者留学时曾住在闹市区，但仅隔一条马路就能进入林区，每天上下班骑车穿过林区就能到达工作的研究所，耗时约 30 分钟。为了保障骑行人与步行者的安全，林区在几处宽马路的上方建有专供骑车人与步行者过街的天桥（图 5-9），而在窄马路处，设置有为骑行人与步行者过街的安全岛（图 5-10）。

　　林区里的步行道有图案标识，步行道上禁止骑自行车，更不能开机动车，以确保步行者能慢慢散步，不担心出现交通事故（图5-11）。对于遛犬的步行者，林区的标示牌提示：遛犬必须用皮带牵引（图5-12）。

　　这个城市林区已形成多层植被，有人工种植的树木，也有大量自然生长的树种、灌木与草地（图5-13）。只要这些植被不干扰人们在林区中的穿行与游玩，管理者就会尽量让其保持原生状态。林中有大量的落叶，管理者并不随意清除，而是让落叶一层又一层地覆盖在地表上，模拟原始森林的状态，让落叶自然分解成为腐殖质。

1 图5-11 汉诺威城市林区中的步行区禁止骑车与开车进入
2 图5-12 林区中的告示牌说：遛犬必须用皮带牵引

1 | 2

1　图 5-13　汉诺威城市林区中已有大量的天然植被
2　图 5-14　汉诺威林区落叶层下土壤肥沃而呈黑色
3　图 5-15　汉诺威林区中的步行道地面铺的是木屑片与细砾石

　　当你用手去拨开落叶层时，你会看下面的土全是黑色的（图 5-14），这表明土壤中的有机质含量很高。这样的土壤非常肥沃且疏松，吸收雨水的能力很强。在肥沃而水分充足的土壤环境里，这片城市林区的树木可以长得健康而高大。所以，这个林区虽是人造的，但却非常接近自然森林。为了保护林区地面的透水透气性，林中步行道地表铺的是木屑与细砾石（图 5-15），这样的地表走起来较松软，下雨时还能吸收雨水。

图 5-16 汉诺威城市林区中人工挖凿的曲线形水沟兼具蓄水与 防火作用

图 5-17 汉诺威城市林区中的大树已能定期砍伐以收获木材

　　在这么大面积的森林中,如果下雨时土壤吸收雨水的能力饱和了,雨水再往哪里排呢?汉诺威城市林区中有人工挖凿的曲线形水沟(图5-16),曲线能减缓水的流速,这种形态的水沟在排水时能尽量留住水资源。水沟没有做任何铺砌,保持泥土的沟沿与沟底。这条看似简单而蜿蜒在林中的水沟可以为林区发挥至少五个方面的功效:多雨时为林区蓄积雨水;缺水时为林区提供水源;地表着火时能阻止火势蔓延;为林区增加湿地环境;为林区增加观赏景点。

　　对于已经长得足够粗壮的大树,林区要进行选择性砍伐(图5-17),这有利于保持树林的透光与通风,减少病虫害,促进新生树木的健康生长。砍伐所获的木材因有经济价值,林区就有了产出可再生资源并向社会提供就业岗位的能力,符合可持续发展理念。从吸收二氧化碳角度来看,按照每生长1立方米木材可吸收约0.85吨二氧化碳来计算,若一棵树的树径为0.5米、树高为6米,其木材量约为1.2立方米,吸收的二氧化碳量约为1吨。所以,林区也在为城市实现"碳中和"做出了可量化的贡献。此外,若林区产物可制造生物质燃料颗粒,使用这样的燃料颗粒也是碳排放为零的清洁能源。

5.2 有利于减少内涝的设计实例

5.2.1 消减路面积水的设计

将城市或乡村的林地和草地设计得低于周边的路面，就能让路面雨水自然流入植被区，从而达到避免道路积水的目的。图 5-18 中有两处下凹式绿地的设计实例：一是左侧交通环岛中的草地是下凹的；二是右侧树林地带是下凹的。可以想象：在下雨时，绿地周边道路上的雨水会顺着地势流入草地或林地，路面几乎不会积水。又因为草地与林地都需要时常浇灌，让雨水流入这些绿地，能大幅减少浇灌用水。

为了防止各家各户将自家屋顶与院落中的雨水排往马路，导致地表径流猛增，21 世纪初，德国出台了相关规定，要求住户在新建住房时，必须让降落到屋顶上与院落中的雨水都能就地利用，否则，排到马路上的雨水将按照排水量（吨数）被罚缴纳污水处理费。这项要求与中国古人设计院落的原则十分接近，那就是：下雨时，要尽量让降落到屋顶上与庭院中的雨水能就地被地表吸收，让地面达到"雨天不湿脚"的效果。图 5-19 是位于浙江丽水已有千年历史的河阳古民居中的一个家庭院子，院子地表能吸收降落到屋顶与院中的雨水，这样的地表现在称为"海绵地表"。细看地表的铺砌（图 5-20），古人只用了扁鹅卵石与土层两种材料，矮小的野草在卵石之间缝隙的土层中生长出来，草根对土层的疏松作用保持了地面的吸水功能。

下凹草地

下凹林地

图 5-18　下凹草地与下凹林地能接纳地面径流（摄于德国）

| 1 | 2 |
| 3 |

1　图 5-19　浙江丽水河阳古民居的庭院。庭院中地面能吸收雨水，小草生长在地面的缝隙中

2　图 5-20　河阳古民居院中的地面用扁鹅卵石铺砌在土层上，因渗水功能强可达到雨天不湿脚的效果

3　图 5-21　德国某居住村居民家庭院中铺的全渗水地面，以确保雨水不外排

　　2011 年 4 月，笔者在德国参观了一个新式住宅村。图 5-21 是此村按照雨水不外排的要求而建成的居民院。院中地面铺的渗水砖地高于草地。因草地的吸水能力强于砖地，在通往车库的地面上，房主只在车轮行驶道上铺了渗水砖，其余部分保留为草地。车道旁有一排树墙，树下的表土用木屑覆盖，因其表土疏松且土壤下有树根而能快速吸收雨水。看来，现代德国家庭院子与古代中国院子做到雨水不外排的手法基本一致：铺砌渗水地面；利用植物的根系吸收雨水。

图 5-22　马路旁绿化带被改造为可用于停车的渗水性多缝石块地

图 5-23　宽过一指的石块缝隙内填有粗砂，这些缝隙渗水
好，也能在冬季减少地面结冰

　　2011 年 9 月，笔者到美国开会时，也看到了与中国古人做法相似的道路防涝设计。图 5-22 是美国某小镇为减少马路积水而做的改造实例。图左侧是机动车道，右侧是人行道，中间长有大树的区域曾是绿化带，现被改造为用石块铺砌的多缝地面，其上可停车。这片渗水好的石块地面低于机动车道与人行道，能接纳来自两侧路面的排水。因机动车道是硬化的柏油路，人行道由渗水砖铺砌，下雨时，主要来自机动车道上的地表径流会自然流入多缝石块区。

　　虽然制作石块的花岗岩无渗水功能，但石块之间的缝约有 2 厘米宽（图 5-23），缝内填的是粗砂，因而渗水能力强，这与北京故宫中太和殿南广场上的渗水地面铺砌法十分近似。这一将路边绿化带改造为多缝石块地的做法，不仅不影响原有大树的健康生长，而且还带来了至少五个方面的环境益处：增加了路边停车区面积；省去了维护绿化带的开支；消除了原有绿化带溢出土壤产生的扬尘问题；减少了马路上的地表径流排入雨水管道；因为石缝不易结冰，增加了道路在冬季的防滑区域。

图 5-24 德国弗莱堡沃邦低碳社区旁的排涝植草沟   图 5-25 德国某乡村公路旁的排涝植草沟

5.2.2 植草边沟与水景社区

　　21 世纪以来，西方发达国家开始高度重视建宽大的植草沟（图 5-24）来为建筑地带（公路、社区、写字楼等）接纳下雨时产生的地表径流。因为植草沟中有草，流入沟内的地表径流会部分被草根吸入土壤中，沟中流动的水量会减少，而地下水资源得以补充；又因沟里的草对水流有阻碍作用，水在沟里的流速会变慢，水中的杂质容易沉淀下来并被草叶吸附，从而使水质得到净化。所以，与硬化的排水沟相比，植草沟有 4 个明显的优点：补充地下水；减少排水量，以防下游发生洪水；净化水质，减少下游污染；旱时为草地，不破坏植被景观。图 5-25 至图 5-27 是建在乡村公路边、写字楼停车场旁、酒店绿地中的植草沟实例。

1   2

3

1   图 5-26   美国普林斯顿大学附近的某写字楼停车场旁的排
涝植草沟（摄于大雨后）

2   图 5-27   美国某度假旅馆院内的排涝植草沟

3   图 5-28   北京香山建于古代的植草排水沟，其牢固的石壁
也具有良好的吸收雨水的功能

    在古代中国，建植草大沟是排放雨水并将雨水吸收入地的常见做法。哪怕沟壁垒了石头，也因石缝能渗
水而不影响吸收雨水（图5-28）。北京故宫的筒子河也可看作是一个巨型的植草水沟，因为古人在筒子河里
种满了莲藕（图4-54）。可以推断：在古代，筒子河这个故宫的排水与蓄水设施也有补充地下水的功能。

图 5-29　酒店自建的植草水池实例，用以接纳酒店外围硬　　　图 5-30　使用石笼砌筑植草水池，稳定且易渗水
　　　　　化地面产生的地表径流

　　根据地形条件，也可建造植草水池来接纳地表径流。图 5-29 是美国普林斯顿大学附近的一家酒店修建的植草水池，用于排放酒店周边硬化地表产生的地表径流。为了保障水池的立面也具有渗水功能，池壁使用了石笼砌筑（图 5-30）。

　　留住雨水是当今建设生态友好型城市与乡村的防涝首选，因为水是万物生长的首要条件。如果雨季时将地表径流都排走了，到了旱季就可能遭遇缺水之苦，难以维系生态的健康。植草水池的用途不是蓄水，它的功能是能在降雨时大量接纳地面径流，使雨水不被简单地排走，而是在植草水池中慢慢地渗入土壤，这能保护当地土壤的含水量，从而保障周边植物（如树木）在不需浇灌的情况下健康生长。

图 5-31　休斯敦某水景居住区
（徐志兰　摄）

图 5-32　休斯敦公路边的排雨水
大沟，称为 Bayou

　　2011 年 5 月在美国休斯敦，朋友带着笔者参观了一个正在建设中的水景居住新区（图 5-31）。据售房者介绍，这片可供居民划船的水域曾是一个低洼地带，他们将周边排放雨水的大沟，当地称为 Bayou（图 5-32），与洼地相连，雨水汇流到此就形成了这样的水域。

　　由于这片有水景的居住区很受人们的喜爱，所以他们会继续利用雨水资源来建造池塘与湖泊，开发有水域景观的房地产。笔者注意到，这个水景居住区的水域设计基本是模拟自然的状态。可以想见，这片由雨水汇流形成的水域将逐步自然演化成物种多样、生态健康的湿地景观。北京的圆明园就是例证（见 4.6）。

图 5-33　普林斯顿雕塑公园中人造的小溪流

图 5-34　雕塑公园中的一个小池塘与雕塑作品

5.2.3　公园蓄水与生态驳岸

城市公园也是留蓄雨水的好地方。建于1992年的美国新泽西州雕塑公园有多处大小不一的池塘、湖泊与水道（图5-33），这些湿地为公园营造特有的艺术景观提供了条件（图5-34），也为植被生长保障了水源。

值得一提的是，在这个雕塑公园中，人们能看到一些与中国传统园林相似的建造手法，最典型的就是用"乱石垒岸"法来为湖泊护岸（图5-35）。与垒砌垂直与光滑的岸体相比，乱石垒岸是一种模拟自然的护岸方法，它有助于水生生物在乱石的缝隙中栖息与繁衍（图5-36），又因缝隙形成了巨大的表面积并能长出水生植物，所以具有净化水质的功能。此外，乱石能消减水的冲击力，护岸效果较好，又因乱石形成的坡岸倾斜度小，故能减少游人落水的危险，也为两栖动物与水禽提供了上下岸的通道。

1	2
	3

1　图 5-35　普里斯顿雕塑公园运用中国传统园林的乱石
　　　　　　　垒岸法来建造湖岸

2　图 5-36　乱石垒岸形成的石缝有助鱼类等水生动物的
　　　　　　　觅食、栖息与繁衍

3　图 5-37　加拿大某城市河岸步道旁的生态驳岸

　　乱石垒岸法起源于中国古代的造园技艺。1743 年法国传教士王致诚从北京写信致巴黎的达素先生，在介绍他看到的圆明园景致时他写道："这里是真正的人间天堂。河湖岸边，并不像我们欧洲的水池用规整光滑的石块围砌起来，而是用一种质朴、粗糙的石料，时而凹入，时而凸出地砌成，其布局技艺巧夺天工。"[14]如今，乱石垒岸已广泛运用于世界各地，因其有良好的生态效应，它的学名称为"生态驳岸"（图 5-37）。

图 5-38　阿德莱德大学某室外休息区，中间物是一个大容量垃圾箱

5.3　有利于管理卫生的设计实例

现代社会良好的卫生管理有五方面基本的判断标准：地上无垃圾；垃圾封闭收集与清运；生物垃圾灭活处理；地面与台面无积尘；厕所干净。为了有效管理公共场所的环境卫生，好的设计能起到事半功倍之效。

5.3.1　垃圾箱设计与建筑垃圾溜槽

在室外的公共休息区，设置方便投放、外观干净、容量足够大的垃圾箱能基本消除人们乱扔垃圾的情况。图 5-38 是笔者在参观澳大利亚阿德莱德大学校园时拍到的一个室外休息区的面貌。这里有多条长凳，可供不少学生在课间到此小憩。在长凳相围的中央，有一个大的方形物十分醒目，它是为保持休息区干净而设置的垃圾箱。它容量大、方便投放、外观干净、形态稳定，引起了笔者的注意。在阿德莱德校园外周的马路旁，设置的也是这种类型的垃圾箱（图 5-39）。

图 5-39 阿德莱德大学旁街道设置的大容量垃圾箱　　　　　图 5-40 垃圾箱罩内的普通带轮垃圾桶，方便清运

　　在人来人往的马路边设置大容量垃圾箱能避免垃圾装满而溢出的问题，但这样大的垃圾箱方便清运吗？正好，垃圾清运车与工人来了，只见工人打开了垃圾箱外罩上的门，原来，罩内就是一个普通的带轮垃圾桶（图 5-40）。工人轻松地将桶拉出，推到马路边上，麻利地将桶中物倾倒入清运车中。

　　值得注意的是：这种垃圾箱的外罩上有密布的通风缝隙，有助于保持罩内环境干燥，从而减少病原滋生，还可增加外罩在起风时的稳定作用。笔者曾在街头目睹过垃圾箱被大风吹倒，砸坏路边停放的车辆之事（图 5-41）。

1　图 5-41　大风吹倒垃圾箱砸坏路边车辆
2　图 5-42　垃圾箱外挂金属烟蒂投放筒，以防引火
3　图 5-43　烟蒂引发明火烧毁垃圾箱

　　在阿德莱德，有些垃圾箱的外罩上挂有一个接纳烟蒂的带盖金属大圆筒（图 5-42），这能避免人们将烟蒂投入内桶而引发火灾问题，笔者也曾看到过因烟蒂投放不当而烧毁垃圾箱之事（图 5-43）。比较多国摆放在公共场所的垃圾箱的设计，笔者认为：阿德莱德市的这种大容量垃圾箱具有设计简约、易于保洁、方便清运、美观稳定、减少火灾等五方面优点。

图 5-44　使用建筑垃圾溜槽清运楼房装修产生的建筑垃圾

　　在我国现今的城市与乡村，人们居住的房屋基本都是楼房。当位于一层以上的房间需要重新装修时，在不方便使用电梯的情况下，清运楼上房间拆除的建筑垃圾是一件费力气、灰尘大的头疼事。2011 年 9 月，在美国波士顿的一栋楼房前，笔者看到了一辆垃圾清运车停靠在楼外的窗户下，它正在轻松地接纳楼上房间拆除的建筑垃圾。

　　这是一辆普通的垃圾清运车，但它的装载箱入口连接着一条由多个大圆筒组成的建筑垃圾传输通道（图5-44），通道的另一端连接着从楼上房屋窗户搭建出的平台。楼上屋内产出的建筑垃圾从平台被送入圆筒通道中，随即落入清运车的运载箱里。从整个清运过程都能让楼房外环境保持干净的状况来看，这是一个既能消除扬尘，也能减少劳力的清运楼房建筑垃圾的好实例，这种装置的名称为"建筑垃圾溜槽"。

图 5-45 Needham 镇回收中心的露天堆肥场

图 5-46 Needham 镇居民将自家修剪下的园林垃圾送到此露天堆肥场来处理

5.3.2 回收中心的露天堆肥场

也是在美国的波士顿，笔者曾随朋友参观过建在小镇 Needham 回收中心旁的露天堆肥场（图 5-45）。堆肥场的周边有树林环绕，有利于防风与保湿。堆肥场的地表保留了树林区的原生状态，只在车辆与机器需要行进的地表上可见铺有炭渣或木屑，这既能保护地表的透水性，也能避免轮胎接触泥土。

这个堆肥场没有厂房，只有几台大型的机械设备，最重要的是机械传送带。小镇居民将自家花园修剪下的园林垃圾送到这里进行堆肥处理（图 5-46），同时也可在此购买堆肥的产物——花园所需的混合肥料，英文名为 Compost（图 5-47）。此露天堆肥场为小镇提供了一个能让园林垃圾循环利用的场地。

混合肥料售价：每桶 2 美元

图 5-47　此露天堆肥场产出的 Compost（混合肥料）就地出售价为每桶 2 美元，由购买者自行装桶，然后到堆肥场出口处缴费

　　借力于机械传送带，园林垃圾被一层又一层地送上堆肥垛，使这里的堆肥垛高度能达到 2 ~ 3 米。在这个露天场地中，堆肥垛是促进园林垃圾分解的保温体，只要温度与湿度适宜，微生物保持活力，园林垃圾的自然分解就能顺利发生，表现为释放出热量与水分。从图 5-45 可以看到，左侧与右侧的堆肥垛上方都有热气冒出，这是堆肥垛有活跃的分解反应的表现。

　　有资料介绍：在植物垃圾的自然分解过程中，堆肥垛内部的温度可升至 60 ~ 70℃，导致水分变为水蒸气。在此高温环境中，病原微生物、虫卵、杂草种子都能被杀死，使堆肥物得以自然消毒。当堆肥垛内的分解反应结束后，堆肥垛表面的热气就会消失，垛内温度降至与环境温度相同，堆肥物变成了黑色、无臭、带森林泥香、养分丰富的混合肥料。在这个堆肥场的一角，有出售混合肥料的自助装桶处，那里立有一个牌子，写着"混合肥料售价：每桶 2 美元"（图 5-47）。据介绍，堆肥获得的混合肥料比普通泥土轻约 70%，适用于家庭种植与屋顶绿化。

图 5-48　2005 年 1 月，重庆陈家桥玉屏公社村民仍在自家院子边使用中国传统的堆肥法制作农家肥的实例

　　美国当今成熟的堆肥技术源自 100 多年前美国学者对中国、朝鲜、日本的学习考察。1909 年春，美国农业部土壤所的所长富兰克林·金教授到东亚三国（中国、朝鲜、日本）考察东方古老的农耕体系。在他的考察纪行《四千年农夫》一书中，金教授多次用照片与文字详细介绍了东亚三国的农民在田间地头堆肥的做法。他也高度赞扬中国人将淤泥、有机垃圾、粪便都用于制作肥料的做法。他写道："这种施肥方法的效果远远比我们美国人的做法优越。"[15]

　　2005 年，笔者与知青朋友们一起回访 1975 年下乡、位于重庆陈家桥虎溪的玉屏公社。当地的农民仍在沿用传统的堆肥方法来制作农家肥（图 5-48）。以现代的标准来考察，中国农民们坚守了上千年的就地堆肥法是最环保、最低碳的循环利用生物垃圾模式之一，这种模式的现代名称为"分布式堆肥法"。

图 5-49 路面高于植被区表土 5 ~ 10 厘米，路中间到两侧　　　　图 5-50 使用砖块侧立铺砌，砖块间的缝隙能吸收灰尘，
　　　　有微型的坡度，这样的路面能干净无尘（摄于北京）　　　　　　　　这样室外地面也能自行干净无尘（摄于苏州）

5.3.3　能自净的室外路面与台面

　　保持室外路面与台面清洁是近年来我国城乡环境管理高度重视的要求。要实现室外路面与台面基本不积尘的面貌，可通过设计具有自净能力的路面与台面来达到目的。有了这样的设计，环卫工人的清扫劳动将大幅度减轻。

　　设计具有自净能力的路面有两个原则：一是路面要高于植被区的表土 5 ~ 10 厘米，并让路面有微型坡度，这可使路面的尘土颗粒能随风自行进入低处的植被表土层，被吸纳为土壤（图 5-49）；二是铺砌有很多缝隙的路面，使尘土能直接被路面的缝隙吸收，进入地下的土层（图 5-50）。这两点是中国古人建造室外路面的常规做法，这样铺路能让灰尘和雨水都能顺利地进入地下。

1　图 5-51　居住村主干道使用结实耐用的渗水砖铺砌
2　图 5-52　干道上渗水砖之间的缝隙能吸尘
3　图 5-53　居民使用渗水砖与砾石为自家门前铺砌的无尘地面
4　图 5-54　社区儿童玩耍场的秋千区使用木屑铺地
5　图 5-55　社区儿童玩耍场的攀爬区使用细砾石铺地
6　图 5-56　居民使用石块留缝铺路法为自家花园建造的吸尘地面

1	2	3
4	5	6

　　在现代，铺砌室外地砖时，保留砖缝的空隙，不向砖缝填沙土或灰浆，就能铺出具有吸尘功能的地面。对于不能使用地砖或石块铺砌又不能生长植被的地面，可选用木屑、砾石、小卵石或小石块来覆盖地面，以起到吸纳地面灰尘的作用。图 5-51 至图 5-56 展示了德国一个较新的居住村为消除地面扬尘而实施的多样设计。

1　图 5-57　中空式长椅能自净
2　图 5-58　镂空式座椅能自净
3　图 5-59　布满细孔的室外桌椅能自净
4　图 5-60　镂空钢格楼梯不积尘
5　图 5-61　镂空钢格栈道不积尘
6　图 5-62　镂空钢格栈道的脚踏处是镂空钢格栅板，不积尘

1	2	3
4	5	6

　　如果室外环境中的椅子、桌子、楼梯、栈道等公共设施表面容易积尘，也会增加保洁的负担。选择中空或镂空式的长椅与座椅（图 5-57、图 5-58）、多孔眼的桌子和椅子（图 5-59）、镂空钢格楼梯（图 5-60）、镂空钢格栈道（图 5-61、图 5-62），使灰尘颗粒基本无法在其表面上滞留，即便滞留也能通过雨水或气流（风）而被自行去除，故不需要人工保洁也能保持其表面无尘的干净面貌。

图 5-63　便池无马桶盖、使用厕刷方便，有利于公共卫生间的保洁（摄于德国）　　图 5-64　U 形坐便圈能减少人体生殖器官与座圈的接触（摄于美国）

5.3.4　公共厕所的简约与卫生设计

公共厕所是否干净是城乡卫生管理的重点，因为它关系到减少病原传播的大事。由于是公厕，健康人与传染病患者都能使用，后者体内携带的病原（细菌或病毒等）可能通过大小便、痰液或体液释放到公厕的环境中。所以，公厕设计要坚持以下三个原则：

（1）尽量减少不必要的配件，比如坐便器的马桶盖应取消；但方便使用的保洁用具需配备，比如厕刷（图 5-63）。

（2）尽量减少人体生殖器官可能接触坐便器的机会，比如坐便器圈为 U 形（图 5-64）。据我国的考古发现 [16]，在公元前 200 多年前的战国末年，我国已经有了设计完美的 U 形坐便圈（图 5-65）。

（3）尽量不设计多人共用的水槽式洗手池，以减少病原的传播面积。公共卫生间的洗手池应为节水型的单人水池（图 5-66），而且洗手液应保证供应。

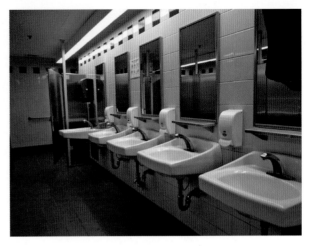

图 5-65　浙江省安吉县五福楚墓出土的漆木坐便器，其坐圈的形状为 U 形
（图片来源：司图博行 @2020.weibo com/GRENNLAY*）

图 5-66　分池洗手的公共卫生间能减少洗手时病原的传播面积

此外，公厕管理部门要向如厕者提供三个重要的公共卫生管理提示：

（1）公厕的厕纸是水融性的，须随水冲走。
（2）妇女用的卫生巾会堵管道，须包裹后投入垃圾桶中。
（3）若在便池中留了污物，如厕者要自行刷净便池。

若公厕都达到了上述要求，公厕内传染病的传播机会就有望大幅度减少。

---

* 图片来自 2020 年 5 月 31 日发布于微博网站上司图博行的个人主页中（https:weibo.com/GREENLAY）。
司图博行发布此照时所附的文字内容如下："安吉县博物馆藏，漆木坐便器，出土于五福村楚墓。"

图 5-67　树种多样、野花野草生长的绿地面貌

5.4　有利于绿化环境的设计实例

　　21 世纪以来，发达国家的城市与乡村绿化越来越重视保护天然植被，比如，绿地中的草地几乎都是让野花野草自然生长（图 5-67）。草地中的草种越多样，说明草地的生态越健康（图 5-68）。

图 5-68　物种多样的城市草地好看且生态健康

　　当草长得过高时，管理人员会进行修剪，剪下的草渣留在草地上（图 5-69），让其自然分解成为草地土壤所需的肥料。这样一来，草地的土壤会变得肥沃而发黑且疏松，土壤的吸水与保墒能力会增强（图5-70）。而越是在肥力好、水分足的土地上，长出野花的种类与数量就越多，出现野花的季节可从初春到秋末，从而带来随着季节变化而变化颜色的草地美景。

图 5-69　剪草后的草渣留在草地上自然腐化为肥料，能使草根更健壮，草地更松软、耐踏

图 5-70　草渣最终分解成为土壤的有机质，使土壤发黑、疏松，吸收雨水与保墒能力增强

如图 5-67 所示，绿地种树要在同一区域栽种不同的树，而且最好选乡土树种。树种多样有以下 3 个好处：

（1）能减少树木病虫害的传播，因为对同一种病虫害，有些树种易感染，而有些树种不易感染。
（2）有利于保障树木所需的养分，因为栽种不同的树能避免树根在土壤中争夺同一种养分。
（3）能营造错落有致、树种多样、四季不同的林带景观。

今天，一些人在评判自己居住的环境是否"绿色"时，看重的是当地保留了多少乡土物种。正如有位美国朋友说，虽然她居住的地方位于沙漠，但她认为她的城镇就是绿色的，因为在她的沙漠城镇中到处生长着当地的沙漠植物，非常美观，景致独特，和谐自然。

图 5-71　植物天然而多样的滨河公园绿地

让天然植被回归绿地能展现生态健康、物种多样、有当地特色的植被面貌，并能大幅减少绿化的开支（图 5-71）。此外，让市民参与建社区乡土植物园、将城市荒地租给市民建家庭小花园、向市民传授耐旱节水的绿化做法等，都能达到政府花钱不多却能使城市与乡镇绿意盎然的良好效果。以下介绍几个实例。

5.4.1　英国的社区乡土植物园

英国曾是欧洲建造直线型、平整型和种植异国植物的园林模式发源地。而现在，英国的多个地方已把绿化城市的做法转向了恢复乡土植物物种上。由于英国在 18—19 世纪的鼎盛时期从非洲、亚洲、拉丁美洲获取了大量的植物品种，且在将这些植物品种运回英国后随意种植，使得在英国国土上生长的外来植物泛滥，给英国人的健康和英国自然界的生态平衡带来了多种难以估量的负面影响，比如：人群中患花粉过敏症的人数比例高，本地植物物种大幅减少或消失。

图 5-72 社区乡土植物园中的生态小道使用木屑铺地，并在两旁栽种乡土植物建成

图 5-73 社区乡土植物园使用挖水池产生的土方垒成的土丘地带

　　20 世纪 90 年代，英国从事城市绿化研究的学者们呼吁：必须走出直线型、平整型和使用异国植物的园林建设误区。取而代之的绿化城市方法则应是尽量顺应自然，让树林中长出野花野草来；让街区边生长着英国城市的本地树种；让市民能够辨别哪些才是英国特有的乡土植物。于是，一些大大小小的乡土植物园或自然公园在英国的一些社区周边应运而生（图 5-72）。

　　建乡土植物园或自然公园的占地面积不大，操作也不难，建设过程分三步走：

　　第一步，与中国古人"挖湖堆山"的造园法几乎一致，根据自然地形，在地势最低处挖出能收集雨水的池塘，池塘既能提供浇灌用水，也是极好的观景之地。挖池产生的土方就近堆成土丘，形成园中有趣味的坡地，既增加了活动面积，也有减小风力的作用（图 5-73）。

图 5-74　乡土植物园中人工挖成的雨水池塘与木屑步行道　　　　　　　图 5-75　前来乡土植物园活动的小学生制作的知识说明牌

第二步，在土丘上种植耐旱的乡土植物，这是因为土丘上的土壤含水少，耐旱植物容易存活；而在池塘边，则栽种水生乡土植物（图 5-74），这能净化水质与保护水中生物。因为都是本地种，在不需养护的情况下，这些乡土植物能自然地健康生长。

第三步，当园中呈现草木多样、生机勃勃的面貌时，邀请学校老师带学生们到园里来了解自然知识，制作介绍生态知识的说明牌并将其立在园中适合之处（图 5-75）。到此，具有教育功能的社区乡土植物园初建告成。

因园区里的步行道多使用木屑铺就，地面像森林的地表那样松软、透气、有弹性，孩子们在这样的路面玩、跑、跳时，即使摔倒了也不会受伤。这样的地面还适合蚯蚓与土壤昆虫穿越路面，故而也是生态友好型地面。

　　园内的凳子用倒伏的树干锯成木墩做成（图 5-76），还有能让孩子们长时间玩耍的小沙坑（图 5-77），其休闲功能并不亚于其他公园。因园中的植被景观更接近大自然而使来此小憩的居民愿意待得更久些。

　　为让乡土植物园或自然公园有室内教育场地，园中建有学习室，供成人与孩子们了解有关当地物种和生态保护知识（图 5-78）。园区定期举办的学习活动有认识乡土植物和种子，培育乡土树种的树苗，用园林垃圾制作有机肥，用多种植物来做茶饮，等等。

图 5-79　社区乡土植物园的志愿者在草药种植园劳动　　　　图 5-80　社区乡土植物园培育本地植物种苗，以供当地街
　　　　　　　　　　　　　　　　　　　　　　　　　　　　　　　　　　区绿化使用

　　一些学生和居民会定期到乡土植物园来做志愿者（图 5-79）。一块不大的社区绿地就最大限度地发挥出了它多方面的功能与价值。志愿者在园中培育出的乡土树苗可以带回学校、社区种植。政府机构、公司企业绿化环境时，也可以到这里来购买当地的植物种苗（图 5-80）。这类社区乡土植物园建成后，受到了居民、学生、家长、社团的热爱，给人们带来了情感、知识、社交、生理等各方面的益处。研究者们发现，乡土植物园能促进社区和谐文化建设。

　　有些社区过去建的公园是平面的，即公园以大草坪为主，没有遮阴与挡风的功能，人们无法坐下来休息。为将这类平面公园改造成为乡土植物园，政府部门、研究人员、公共机构、志愿者组织、社区团体、民间基金会、热心企业等都可以一起行动。改造后的公园面貌很像中国传统园林的布局——有曲径通幽的弯道，园中植被长得较高，形成多个能让游园者安静地坐下来歇息的绿荫处。

图 5-81　在德国城市荒地上建成的家庭小花园种植区

5.4.2　德国的城市家庭小花园

在欧洲，"花园"（garden）的概念自 18 世纪起开始流行。人们认为，好的生活除了有一所房子，还一定要有一个花园。但在工业化社会，居民的住房基本都是楼房，没有建花园的条件，所以，拥有自家的小花园是人们十分向往之事。

在德国，家庭小花园（familiengarten）特指在城市的某些荒地上，市民租用地块来建造家庭小花园的区域。这些区域普遍存在于德国各地，是德国城市绿化独特的风景区（图 5-81）。

德国人建造家庭小花园的历史已有 100 多年，它的起源与一位医生提出"青少年需要活动才能健康"的建议有关。那是在 19 世纪中期，在德国莱比锡市，一位名叫史热贝尔的医生（Dr Schreber，1808—1861）发现，活动对青少年的身体与精神非常重要。他建议，要为青少年提供玩耍的场地。在他去世 3 年后，1864 年，另一位莱比锡医生，名为郝斯西尔德（Dr Hauschild，1808—1866），为实现史医生的想法而成立了"史热贝尔协会（Schreberverein）"，这是一个以教师与家长为会员的协会。第二年，在此协会的努力下，莱比锡市为青少年创建了一个面积很大的活动场地（图 5-82）。

1	2
	3

1　　图 5-82　　莱比锡建于 1865 年的首个青少年活动
　　　　　　　　场遗址。远处的建筑是家庭小花园历
　　　　　　　　史博物馆

2　　图 5-83　　始建于 1869 年的莱比锡青少年活动场
　　　　　　　　地外围的家庭种植园区

3　　图 5-84　　此园是家庭种植园区中的 2 号园，从
　　　　　　　　1870 年至今一直有人延续栽种

　　到 1869 年，在此活动场地的周边，家庭种植园区（图 5-83）正式落成，为陪伴孩子到活动场地运动的家长们提供了种植的地块。1 年后，这里建成的家庭花园达到了 100 个(图 5-84)。1909 年，一个名为"德国工人与史热贝尔家庭花园种植者"的中央联盟成立，这个联盟是号召全德团结的发起者，有 40 个协会加入新联盟中。从此，莱比锡创建的家庭小花园模式逐渐出现在德国各地。

图 5-85　家庭小花园园区中的栅栏隔出了各家不同面积的种植地块

图 5-86　各家可在自家小花园种植地块上搭建一个小木屋，以供白天休息，但不能留宿

　　20 世纪 90 年代，笔者留学德国汉诺威时居住的学生宿舍旁就有一个家庭小花园区，有位德国同事就在那里租种了一个约 100 平方米的家庭小花园，因为园中有几棵很好的果树，她付的租金较高，一年的费用约为 2000 马克。据她介绍：城市中有些荒地的土质非常差，也无开发利用的计划，政府就把这样的荒地分成多个从几十平方米到上百平方米不等的地块，租给居民建造家庭小花园（图 5-85）。

　　每个家庭小花园中可建一个德语称为 Laube（亭子）的小木屋，用于劳作时休息、喝茶、存放园艺工具，但亭子中不能留宿（图 5-86）。有一个名为"家庭小花园种植者协会"（Familiengartnerverein）的管理中心来为园区提供服务，他们常在周末或节假日组织大家举办聚会、烧烤等活动，这是家庭小花园种植者协会坚持了近百年的能分享家庭小花园种植收获的独特文化，而这个协会最早的起源就是史热贝尔协会。

1　图 5-87　城市家庭小花园是退休者们的乐园
2　图 5-88　家庭小花园种植的多彩花卉
3　图 5-89　家庭小花园中的儿童玩耍区域
4　图 5-90　家庭小花园中的园林建造与休闲设施

1	2
3	4

在家庭小花园种植者们的努力下（图 5-87），在几年时间内，荒地就会呈现出多彩而美妙的园艺景致（图 5-88）。各地的家庭小花园区已成为德国许多城市生态景观的组成部分。这些家庭小花园不仅为市民提供了在业余时间劳动、休闲、养性和孩子玩耍的去处（图 5-89），也由于种植者们对种子、植物苗、有机肥、劳动工具和花园建造与休闲产品的需求而繁荣了园艺市场（图 5-90）。

1	2
3	

1　图 5-91　家庭小花园栽种的植物品种多样
2　图 5-92　家庭小花园使用的雨水收集桶
3　图 5-93　家庭小花园中的堆肥箱

　　家庭小花园对城市绿化最大的好处是：在不需要财政支付绿化费用的情况下，由于各家各户对不同植物品种的喜好与种植，这类花园地带有很丰富的植物多样性（图 5-91）。由于植物对水和肥的需求，市民们在自己的家庭小花园中还设置了雨水收集桶（图 5-92）和堆肥箱（图 5-93），以减少对水资源的消耗并使土质得以改善。这些是市民为保护环境乐意去做的具体贡献。

图 5-94 阿德莱德选用耐旱型植物来绿化城市　　图 5-95　阿德莱德城中的植物园

5.4.3 澳大利亚南部的耐旱型节水绿化

阿德莱德是南澳大利亚州的首府。2007 年笔者去那儿旅行时，当地正遭遇大旱，一连三月未下雨。阿德莱德的年平均降水量长期低于 530 毫米，与北京年平均降水量约为 600 毫米相比，阿德莱德的自然降水比北京少很多。

然而，虽然阿德莱德的自然降水量不高，她却是一个满眼绿色的城市。当地属温带气候，夏季炎热而干燥，气温可达 40℃以上；而冬季则寒冷且潮湿，最低气温会降至 0℃左右。为了让在阿德莱德种植的植物适应干旱与高温的气候条件，自 18 世纪中期阿德莱德建城以来，当地从植物园开始，一直在致力于选择适宜干燥气候、不必经常浇水的植物品种和栽种方式（图 5-94）。

在阿德莱德城中的植物园（图 5-95），笔者获取了一份发放给市民的节水绿化指导资料，它向市民介绍了多个节水绿化的思路和方法，能帮助市民在自己居住的环境中使用非常省水的办法来建造与管理好自家的小花园。这些思路和方法分为为提高水效率做打算、节水的做法、选择浇水时间、使用灰水浇园四个方面。笔者挑选出一些有参考价值的内容，译文如下：

为提高水效率做打算

（1）创造一个小环境——种植耐旱树木和灌木来做屏栅，以抵挡干燥的风，并营造出遮阴地（图5-96）。

（2）仅在必要区域保留草坪。只使用真正耐旱的草种，比如鸭茅草（couch）、野牛草（buffalo），还有狼尾草（kikuyu）的培育品种。这些草总是会自然复苏，即使在夏季彻底干旱之后也能复苏。

（3）使用耐旱的本地或引进植物。许多植物在植活后仅靠稍微比自然降水多一点的水量就能生长茂盛。栽种耐旱的多年生品种（图5-97），不要栽种需水量高、根系浅的一年生植物。

（4）把降落到屋顶的雨水引向绿地，或者先将雨水存起来，在需要时用于浇灌绿地。后者可能需要增添水泵和存水罐来达到最佳效果。

（5）安装并正确操作提高水效率的微灌系统，使之能在植物需水时提供正确的水量（图5-98）。引水的滴灌管口要埋在园林有机物之下才能做到有效节水（图5-99）。

节水的做法

（1）控制杂草。杂草往往生长最快，与园林植物争夺空间、阳光和养分，并且耗水量大。

（2）使用各种园林有机质对土壤表层进行覆盖，比如：落叶（图5-100）、草渣、秸秆（图5-101）、堆肥产生的混合肥料、碎树枝、木屑等。覆盖物的厚度在5厘米左右即可，其好处是：①减少土壤的水分蒸发；②营造一个物理屏障来挡住杂草种子发芽时需要的阳光，因而能控制杂草生长；③能给土壤增加至

1　图 5-96　阿德莱德街边栽种的澳大利亚本土耐旱树木与灌木
2　图 5-97　阿德莱德城市绿地选种的多年生耐旱草本植物
3　图 5-98　阿德莱德植物园正在为绿地浇灌铺设滴灌管线
4　图 5-99　阿德莱德植物园使用粉碎的园林有机物覆盖住滴灌管线，以防水分蒸发

1	2
3	4

图 5-100　阿德莱德城市绿地地表使用落叶覆盖表土来　　　图 5-101　阿德莱德植物园使用碎秸秆覆盖表土来保水且抑制杂草生长
　　　　　　减少水蒸发并控制杂草生长

关重要的有机质和养分，促成一种微环境，对土壤动植物群（如蚯蚓）十分有利；④能帮助土壤快速吸收浇灌水，减少水的流失。

（3）使用肥料要适量。避免对已存活的观赏树木和灌木过多施肥。要时常检测土壤，选择最适合的肥料。

选择浇水时间

（1）了解当地降水量。查询降水数据；到当地气象局的网站获取信息。

（2）春季时，尽可能将浇灌树木、灌木和草地的时间推迟。观察植物的外表是否有缺水征兆。许多植物的耐旱性比人们想象的要强得多，当它们处于半干旱状态时，能更加有效地吸收水分。在早春的阳光下，植物枯萎的模样并不一定表明土壤缺水。

图 5-102　阿德莱德一居民家将淋浴水与洗菜水引入自家花园的实例

（3）注意天气预报——要下雨就不必浇水。在预报将出现酷热期之前进行浇灌。

（4）浇水时间应在清晨或夜晚，等土壤和植物的温度都凉下来之后才浇。在热的天气情况下，只给极度枯萎的植物浇水。在酷热和有风时对草坪进行喷灌，会使50%以上的水通过蒸发而被浪费掉。

使用灰水浇园

（1）灰水（grey water）指由家庭产生的洗涤水，如洗盘、洗衣和沐浴产生的废水。由于洗衣粉含有去污剂和各种盐类物质，而且往往碱性很强（pH9或更高），因此含洗涤剂的洗衣或洗碗水不能直接用于绿地浇灌。

（2）冲洗水（比如淋浴、洗菜）较为适合浇灌绿地，因为这样的水中含有的洗涤剂量极低（图5-102）。

（3）在有条件的情况下，可将灰水储存于埋在地下的大罐中，用于绿地浇灌。

5.5 宜居城市与中国天津见闻

　　什么样的城市才"宜居"？国际上有没有公认的"宜居城市"（livable city）评价标准？中国有没有自己的考核指标来评价"宜居"？为解答这三个问题，笔者查到了有关"宜居城市"的概念归纳、评价标准和方向指引。

　　先说"宜居城市"的概念归纳。1996年，联合国第二次人居大会提出了"城市应当是适宜居住的人类居住地"的概念。面对世界各地城市普遍出现贫困、拥挤、堵塞、污染、空间紧张和生活质量下降等问题，联合国提出了一个口号："让我们携起手来，共建一个家园，她充满和平、和谐、希望、尊严、健康和幸福"。要让这一口号变为现实，学者们对"城市宜居"做了六点概念归纳：宜居城市应该是经济持续繁荣的城市，社会和谐稳定的城市，文化丰富厚重的城市，生活舒适便捷的城市，景观优美怡人的城市，具有公共安全的城市。

　　再说"宜居城市"的评价标准。国际上每年发布一次的城市"宜居度排名"（liveability ranking），来自英国《经济学人》杂志信息部。他们对全世界140个城市进行调查后打分，关注城市的5大方面：社会稳定、医疗服务、文化与环境、教育和基础设施。2007年5月，《中国宜居城市科学评价标准》发布，由中国城市科学研究会完成，建设部（现为住房和城乡建设部）科技司验收通过。它的视点与《经济学人》不同，关注城市的6大方面，打分如下：①社会文明度10分；②经济富裕度10分；③环境优美度30分；④资源承载度10分；⑤生活便宜度30分；⑥公共安全度10分。总计100分。不难看出，"环境优美度"和"生活便宜度"占分最多。一些城市管理者曾认为：只要花钱搞绿化，就能达到宜居城市的标准。但笔者的看法是：中国的城市要奔"宜居"，旧房翻新才是投钱之处。城市的花草树木最好学古代中国城市管理的办法：让百姓们自己种。

　　意大利学者Edoardo Salzano写过一篇短文，题为"7个目标走向宜居城市"，对建"宜居城市"有方向指引作用。文章指出：宜居城市尊重历史的印记（居住者的根），并尊重还未出世的人（居住者的后代）。

图 5-103 天津穿越城市的海河很美但水质还需提高　　　　　图 5-104　天津古文化街展示的木船桅杆与象征吉祥的红
灯笼展示了天津人过去的航海生活

他提出的 7 个目标是：①宜居城市向全世界开放，没有种族隔离区。②宜居城市的特点是多种功能交织，并能培育出丰富的人际交往。③宜居城市的规划者能驾驭城市的复杂性和动态性，以避免引发拥塞和焦虑。④宜居城市能与它的历史遗迹和大自然保持良好的关系。⑤宜居城市是公众的家。⑥宜居城市的公共空间是社交生活的中心和整个社会的聚集地。⑦宜居城市的建设不是为了外表、为了建筑的辉煌、为了城市管理者，而是为了市民的福址。

　　2009 年 6 月《经济学人》杂志信息部发布了 2009 年"城市宜居度调查"排名，在 140 个世界城市中：天津排名第 72 位，是中国大陆城市中得分最高的；其次是北京，排名 76 位；随后是上海，排名 84 位。虽然这个排名只是一家之言，却使笔者去了天津三次。在那儿，笔者观赏了多处街景（图 5-103 至 5-106），参与了当地人的小聚，参观了城市规划展，暗访了社区医院，体验了居民住房，考察了环境质量，步行了生态公园，乘坐了公交汽车，倾听了市民的看法。笔者获得的感受是：天津的"宜居"指数被《经济学人》排在中国大陆城市之首可能得益于她的几个突出优点：①天津人不排外，对人热情，说话给人留面子，不

图 5-105　天津马路旁环境友好型的休闲绿地

图 5-106　天津修复的祭孔文庙

歧视劳动者。天津的下岗者们不打麻将，而是努力寻找就业机会，四处打工。所有这些都有利于营造出安定的社会氛围。②天津的社区医疗服务方便、多样，实行基本药品零差率销售。社区医院有就诊、输液、理疗、针灸、中医、牵引、体检等职能（图 5-107）。社区患者可通过打电话来获得医生上门就诊、送药的服务。老人们能定期在社区医院免费检测血压和血糖。③天津的每个路口都立有醒目的路标或对特定目的地距离的指示牌，方向指引明晰（图 5-108）。这能使刚到这座城市的陌生人立刻具有方向感，十分有利于城市的通行。④天津重视对历史遗迹的保护与文化传承。走进天津的古文化街，旅行者能马上感受到天津人传统生活的部分内容。天津还保护了多处历史建筑（图 5-109）和名人故居。一些具有独特建筑风格的街区得到了整体保留维修与持续利用（图 5-200）。这增加了天津人对自己城市的骄傲感，也增加了观光者对天津的喜爱，使天津逐渐自然地从工业城市在转变为吸引旅行者的城市。⑤天津的城市规模比北京和上海小，没有密集的高楼区给人的压抑感，也没有明显的道路拥挤感，公交服务较好，城市中有多处适合步行的区域。天津为市民福祉所做的一切努力值得借鉴或参考。

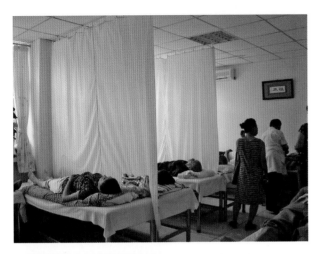

1　图 5-107　天津一社区医院针灸室的面貌
2　图 5-108　天津路边立的目的地距离与方向指示牌
3　图 5-109　天津对历史建筑的维修细致入微
4　图 5-200　天津的旧欧式建筑在修缮后得到利用的实例

1	2
3	4

结束语

在中国古代，百姓在房前屋后栽花种树是极为普遍的生活习惯。"黄四娘家花满蹊，千朵万朵压枝低。留连戏蝶时时舞，自在娇莺恰恰啼"，就是唐代诗人杜甫留下的实情记录。古代的中国没有专门负责园林方面的政府部门，但因为百姓延续着上千年的栽花种树的传统（图1），每个院子都能成为鸟语花香之地，每处城市与乡村的人居之地都能树荫浓郁。在元朝，北京被选为都城，当时兴建了大量的胡同与四合院，在有人买下一个院子时，会被要求在院子门口栽种一棵槐树，在院子中央栽种一棵枣树。枣树耐旱且树冠高大、能遮阴，每年收获的枣子晒干后可当粮吃，抗饥饿，这就是极好的可持续生存方式。北京百姓在门前与院内种树的习惯一直延续到 20 世纪初的清朝末年（图2）。

图 1　北京胡同中盛开的月季花是中国延续栽种了2000 多年的传统花卉

图 2　古代北京胡同居民在院子门前栽种的槐树形成了今天胡同中的行道树景观

图 3　北京老城区上空的树林由各家四合院内外栽种的大树连片形成

20 世纪 20 年代，有位美国人来到中国，他在北京住了 2 年多时间，还游览了中国的其他省份。回国后，他写了一本题为《漫步中国》的书，在书中他写道："北京的冬天和夏天天高云淡……，即使在冬天刮起刺骨的北风……，只要能瞥上一眼北京清澄澄的天空，亦是一种莫大的心灵慰藉。"[17] 为什么他那么喜欢北京的天空，因为当时的欧美国家正处在高度工业化时期，空气污染非常严重，天空多为灰黄色，而北京却没有这种状况。这位美国人对当时的北京城做了这样的描述："不久前春天的一个阳光明媚的星期天，我绕着城墙逛了一圈，墙下是绿树掩映下的城区。……平民百姓的住宅……院内树木扶疏，花草茂盛，整个北京城从高处望去绿荫如盖，有赏心悦目之感。"[17] 看来，在这个美国人的眼中，当时的北京城有着舒适的宜居面貌。

读了《漫步中国》一书后，笔者去北京钟楼登上了顶层的撞钟台，在那里能看到：北京的老城区还保留有一片四合院居住区，那里果然像个城市林区，从不同四合院里长出的大树树冠连成一片，就形成了老城区绿荫如盖的宜居面貌（图 3）。

图4　与自然共生是中国人赞美了上千年的
　　　理想生活

图5　波士顿城区鸟瞰照

图6　波士顿城区中的大树

图7　波士顿老楼居民种的小花园

　　与自然共生一直是中华民族的生存智慧。让我们继承中国古人热爱自然、尊重自然、研究自然、顺应自然、模拟自然、与自然和谐相处的情感和智慧，只有这样，我们的城市与乡村才能真正回归宜居，人们才能实现安居乐业的生活梦想（图4）。

　　现在，美国的很多大城市已告别了空气污染。2011年9月笔者在波士顿旅行时特地到高楼上去俯瞰全景，这个城市虽然建筑密集，但建筑之间都有树木，而且树冠很大（图5）。树下的街道多是老楼与小街，但只要树木仍在健康生长，没人会去砍伐它（图6）。在街边老楼的每家每户门前，只要有土地，就都被居民种上了耐旱型的小花园（图7），表土上都细致地覆盖了木屑，使花园显得很干净，也能保水与消除扬尘。看来，美国也是通过放手让民众栽树种花来大幅提升了城市环境的宜居水平。

[1] 杨文衡 . 中国风水十讲 [M]. 北京：华夏出版社，2007.

[2] 汉宝 德，吴晓敏 . 风水与环境 [M]. 天津：天津古籍出版社，2003.

[3] 中国古镇游——自助旅游地图手册 [M]. 陕西：陕西师范大学出版社，2002.

[4] 张勇健 . 八卦城 - 特克斯 [J]. 科学之友，2013,4：90-91.

[5] 陈长太 . 上海内涝气象特征及成灾原因分析 [J]. 中国水利，2018,5：37-39.

[6] 余蔚茗，李树平，田建强 . 中国古代排水系统初探 [J]. 水与社会 2007,4：52.

[7] Jacklyn Johnston, John Newton. Building Green[M].London：The London Ecology Unit，1993.

[8] 周苏琴 . 建筑紫禁城 [M]. 北京：故宫出版社，2014.

[9] 蒋博光 . 紫禁城排水与北京城沟渠述略 [J]. 中国紫禁城学会论文集（第一集），1996:153.

[10] 陈永发等 . 紫禁城百题 [M]. 北京：紫禁城出版社，1998.

[11] 梁思成等摄，林洙编 . 中国古建筑图典珍本 [M]. 北京：北京出版社，1999.

[12] 马可 · 波罗口述，鲁斯蒂谦诺笔录 . 马可 · 波罗游记 [M]. 徐前帆译注 . 北京：中国书籍出版社，2009.

[13] 赵永新 . 圆明园防渗之争 [M]. 北京：东方出版社，2021.

[14] 侯仁之等 . 名家眼中的圆明园 [M]. 北京：文化艺术出版社，2007.

[15] [美]富兰克林 · H · 金 . 四千年农夫 [M]. 北京：东方出版社，2011.

[16] 浙江省文物考古研究所，安吉县博物馆 . 浙江安吉五福楚墓 [J]. 文物，2007，7：61-74.

[17] [美]费兰控 . 漫步中国 [M]. 北京：长江文艺出版社，2002.

图书在版编目（CIP）数据

建宜居环境 与自然共存：向中国古人学习建宜居环境的智慧 / 李皓编著 . -- 北京：中国农业出版社，2023.7

ISBN 978-7-109-30904-3

Ⅰ . ①建… Ⅱ . ①李… Ⅲ . ①居住环境－研究－中国－古代 Ⅳ . ① X21

中国国家版本馆 CIP 数据核字 (2023) 第 135662 号

中国农业出版社出版

地址：北京市朝阳区麦子店街 18 号楼
邮编：100125
责任编辑：周锦玉
版式设计：刘亚宁　　责任校对：吴丽婷　　责任印制：王　宏
印刷：北京中科印刷有限公司
版次：2023 年 7 月第 1 版
印次：2023 年 7 月北京第 1 次印刷
发行：新华书店北京发行所
开本：880mm×1230mm　1/24
印张：7
字数：200 千字
定价：68.00 元

版权所有·侵权必究

凡购买本社图书，如有印装质量问题，我社负责调换。

服务电话：010－59195115　010－59194918